NEUE MOSELBRÜCKE
KOBLENZ

FESTSCHRIFT
ZUR
EINWEIHUNG UND VERKEHRSÜBERGABE
DER NEUEN MOSELBRÜCKE KOBLENZ
AM 24. JULI 1954

ISBN 978-3-540-01833-9   ISBN 978-3-642-47351-7 (eBook)
DOI 10.1007/978-3-642-47351-7

Erweiterter Sonderdruck aus „DER BAUINGENIEUR", Jahrg. 29 (1954), Heft 8.
© Springer-Verlag Berlin Heidelberg
Aile Rechte vorbehalten.
Softcover reprint of the hardcover 1st edition 1954

NEUE MOSELBRÜCKE KOBLENZ

DER BUNDESMINISTER FÜR VERKEHR

Durch die Wiederherstellung der Moselbrücke in Koblenz im Zuge der Bundesstraße 9 wird für den Straßenverkehr eine besonders spürbare Lücke geschlossen und die unzulängliche Ortsdurchfahrt vom Durchgangsverkehr entlastet.

Dieser Brückenbau fügt sich als wichtiges Glied in den weitgespannten Rahmen des Ausbaues des linksrheinischen Bundesstraßenzuges zwischen Mainz und Bonn ein, der das Ziel hat, in den nächsten Jahren für den immer stärker anwachsenden Verkehr eine leistungsfähige, verkehrssichere Straße zu schaffen.

Möge die in neuer Form wiedererstandene Brücke als ein Zeugnis für die Leistung deutscher Ingenieure ihre Aufgabe lange Jahre erfüllen.

DER MINISTERPRÄSIDENT
VON RHEINLAND-PFALZ

Es ist gerade ein Jahr her, daß wir die Pfaffendorfer Brücke dem Verkehr übergeben konnten. Schon damals waren die Arbeiten an der Neuen Moselbrücke im Gang, die nunmehr am 24. Juli 1954 ebenfalls in feierlicher Form eingeweiht werden kann.

Bei diesem imposanten Bauwerk handelt es sich um ein Gemeinschaftswerk von Bund, Land und Stadt, das mit einem Kostenaufwand von 7,8 Millionen DM in einer nahezu zweijährigen Bauzeit vollendet werden konnte.

Auch dieser 24. Juli 1954 wird in die Geschichte der Stadt Koblenz eingehen, die innerhalb weniger Jahre mit bewundernswertem Lebens- und Aufbauwillen aus den Trümmern des unseligen Krieges in neuer Gestalt erstanden ist.

Unser Dank gilt all den Ingenieuren, Angestellten und Arbeitern, deren Fähigkeiten und Arbeitskraft das Werk erstehen ließen. Und unser Wunsch vereinigt sich in dem Gedanken, daß die neue Brücke in alle Zukunft der friedlichen, wirtschaftlichen Aufwärtsentwicklung dieser Stadt und dieser Landschaft dienen möge.

DER OBERBÜRGERMEISTER
DER STADT KOBLENZ

Durch seine bevorzugte Lage an der Rhein-Mosel-Mündung ist Koblenz von altersher eine Brückenstadt. Drei Brücken über den Rhein und vier über die Mosel bestimmten das Koblenzer Stadtbild sehr wesentlich, bis die schweren Heimsuchungen des Krieges sie alle zerstörte. Lange Zeit empfand die Stadt schmerzlich den Verlust ihrer Stromübergänge, die ihr Lebensadern sind.

Heute, nach Jahren schwerster Behinderung, sind die schlimmsten Notstände überwunden. Abgesehen von der im alten Koblenzer Stadtbild so vertrauten Schiffbrücke, die aus schiffahrts- und straßenverkehrstechnischen Gründen nicht mehr errichtet werden kann, ist mit der Verkehrsübergabe der Neuen Moselbrücke die letzte kriegszerstörte Brücke wiederhergestellt. Neue Baumethoden ließen in Verbindung mit hochwertigen Baustoffen trotz der Verbreiterung und größeren Verkehrsbelastung ein schlankeres Bauwerk erstehen, als es die Vorgängerin aus dem Jahre 1932—34 war. Dieser neue, stolze Brückenbau im Zuge der Bundesstraße 9 wäre nicht in dieser Großzügigkeit möglich gewesen, wenn nicht in anerkennenswerter Weise die Bundesregierung und das Land Rheinland-Pfalz die Hauptlast der Baukosten übernommen hätten.

Heute ist es mir eine große Genugtuung und eine besondere Freude, als Oberbürgermeister im Namen der Stadt Koblenz und ihrer Bürger all' denen, die zum Gelingen des großen Werkes beigetragen haben, insbesondere den beteiligten Ingenieuren und Arbeitern, von ganzem Herzen Dank und Anerkennung auszusprechen. Möge die Neue Moselbrücke nicht nur eine Zierde des Stadtbildes und unserer schönen mittelrheinischen Landschaft sein, sondern darüber hinaus ein Beweis unseres friedlichen Aufbauwillens.

Wenn die Brücke heute dem Verkehr übergeben wird, so ist es unser aller Wunsch und Hoffnung, daß sie durch die Jahrhunderte hindurch vielen Generationen dienen möge.

Koblenzer Rhein- und Moselbrücken in Vergangenheit und Gegenwart.

Von Stadtarchivdirektor a. D. Dr. **Hans Bellinghausen**, Koblenz.

Vorgeschichtliche Flußübergänge und Römerbrücken.

Brücken gehören zu den ältesten Kulturträgern der Menschheit. Sie sind vielfach das Symbol der Geschichte eines Landes. In ihnen spiegelt sich Aufstieg, manchmal über viele Stufen, Abstieg oder Zerfall, kirchliche oder weltliche Macht. Große Brücken sind immer nur dort entstanden, wo über die örtlichen Verhältnisse hinaus wichtige Verkehrslinien weit auseinanderliegender Kulturzentren eine Verbindung benötigten. Ausnahmen davon sind die meist nur kurzlebigen Kriegsbrücken, die dort entstehen, wo es die strategische Lage erfordert.

Koblenz liegt inmitten des Rheinischen Schiefergebirges am Flußkreuz Rhein—Mosel—Lahn. Das Rheintal, das das Gebirge in der Mitte von Süden nach Norden durchschneidet, war von jeher eine der wichtigsten Völkerstraßen, während der West-Ost-Verkehr sich im Süden und Norden des Gebirges entlang zog, da das Mosel- und Lahntal weder gut schiffbar war noch durchgehende Uferstraßen besaß. Seit den urältesten Zeiten sind im Raum von Koblenz zahlreiche Flußübergänge nachzuweisen. Mit Einbäumen, Flößen und Kähnen haben die Völker der Urgeschichte auf ihren Wanderungen hier die Flußläufe überschritten. Von der Lahnmündung hinab bis nach Neuwied brechen rechts und links des Rheines uralte aus dem Westerwald, dem Hunsrück und der Eifel herkommende Heerstraßen plötzlich am Rheinufer ab, um auf der anderen Flußseite ihre Fortsetzung zu finden.

Dasselbe beobachten wir für die Nord-Süd-Richtung bei Koblenz an der Mosel. Die Mosel bildete im Rheintal für den Nord-Süd-Verkehr das größte Hindernis. Die Hauptübergangsstelle über sie lag in vorgeschichtlicher Zeit etwa 1,8 km von der heutigen Flußmündung entfernt. Hier stieß ein uralter Verkehrsweg, der durch das Neuwieder Becken etwa über die heutige Bonner Straße herankam, auf die Mosel. Seine Fortsetzung auf dem Koblenzer Ufer hatte er in Richtung des Moselringes. Durch Grabfunde aus der Zeit von 1000 v. Chr. bis in die Römerzeit hinein ist diese uralte Straße auf beiden Ufern bezeugt. Unsere neue Straßenbrücke über die Mosel im Zuge der Fernverkehrsstraße Mainz—Köln liegt also genau an derselben Stelle, die schon vor etwa 3000 Jahren als Moselübergang benutzt wurde.

Die erste feste Rheinbrücke, von der wir Kenntnis haben, schlug vor 2000 Jahren der römische Feldherr Gaius Julius Caesar zwischen Urmitz und Weißenthurm, als er im Jahre 55 v. Chr. mit seinen Legionen in das rechtsrheinische Germanien einrückte. Es war eine sogenannte Bockbrücke aus Holzpfählen, die er nach einigen Wochen bei seiner Rückkehr wieder abbrach. Zwei Jahre später, im Jahre 53 v. Chr., überschritt er an derselben Stelle abermals auf einer Holzbrücke den Rhein, aber auch diesmal blieb sein Feldzug erfolglos, und beim Rückmarsch wurde auch diese Brücke wieder abgebrochen.

Erst als die Römer am Rhein festen Fuß gefaßt und zahlreiche Kastelle, unter ihnen Confluentes (= Koblenz) und Antunnacum (= Andernach) angelegt, sowie auf den Höhen des Westerwaldes einen großen Grenzwall (Limes) mit starken Befestigungen errichtet hatten, wurde ungefähr gleichzeitig mit einem Kastell bei Koblenz-Niederberg etwa um das Jahr 100 n. Chr. von ihnen eine auf Holzpfeilern ruhende feste Rheinbrücke erbaut, die fast genau an der Stelle der späteren Schiffbrücke gelegen war. Diese Holzbrücke hat etwa 150 Jahre bestanden. Als die Römer um die Mitte des 3. Jahrhunderts den Limes und die rechtsrheinischen Kastelle aufgeben mußten, fiel auch sie der Vernichtung anheim.

Da nunmehr der Rhein die Grenze des römischen Reiches war, mußten die Römer ihre linksrheinisch gelegenen Städte stärker befestigen und auch für eine größere Verkehrssicherheit sorgen. Damals, etwa um das Jahr 300, entstand hier auch eine Brücke über die Mosel, deren neun Pfeilergruppen aus vielen Hunderten von Holzpfählen mit Eisenschuhen oder massiven Eisenspitzen bestanden, während man für den Oberbau Holz- und Steinwerk benutzte. In der Verlängerung des aus der heutigen Löhrstraße und Marktstraße herkommenden und am Altenhof in geringem Knick etwas nordwärts abgelenkten Straßenzuges setzte sie auf dem hohen Moselufer unterhalb der jetzigen Balduinbrücke an und erreichte das andere Ufer etwa an der heutigen Blumenstraße, von wo sie den Verkehr in ziemlich gerader Richtung auf die mitten durch das Neuwieder Becken führende Reichsstraße leitete. Auch diese Brücke hat nur etwa 100 Jahre lang bestanden. Als Koblenz im Jahre 402 von den Franken erstürmt wurde, sank auch sie in Trümmer.

Die mittelalterliche Balduinbrücke über die Mosel.

Nach der Zerstörung der Römerbrücken blieb die an zwei großen Flüssen gelegene Stadt Koblenz fast 1000 Jahre lang ohne eine feste Brücke. Erst dem Zeitalter des Kurfürsten Balduin und seiner Nachfolger im 14. Jahrhundert blieb es vorbehalten, hier Wandel zu schaffen. Die von Balduin aufgestellte Urkunde über den Beginn des Baues einer Brücke über die Mosel trägt das Datum vom 1. Mai 1343. 80 Jahre lang wurde an ihr gebaut. In einer Länge von 325 m überspannt sie den Fluß mit 13 Pfeilern und 14 Bögen. Alle Pfeiler stehen auf Pfahlrosten. Das aus Grauwacke und Basalt bestehende Mauerwerk ist diesen Pfählen unmittelbar und ohne Zwischenschicht aufgelegt. Mit großen Festungstoren an ihren beiden Enden und mit vielen Türmchen und Bildwerken verziert, war die Brücke ein Kunstwerk ersten Ranges. Mit Recht sagt daher der Koblenzer Stadtschreiber Peter Maier im Jahre 1530 von ihr in seinem Buch der Stadt Koblenz: „Ertzbischoff Baldewin hat gebuwet zu Covelentz eynen steynen Bruck über Mosel, also schön man in tewtscher Nacion soll finden." Die Brücke, die heute den Namen „Balduinbrücke" trägt, ist in Kriegszeiten oftmals beschädigt, aber immer wieder hergestellt worden. Ihre Tore und ihren alten Schmuck hat sie im Laufe der Jahrhunderte verloren. Bei einer Verbreiterung in den Jahren 1883/84 erhielt sie die heutigen Bürgersteige, die auf unschönen eisernen Gitterträgern liegen und gar nicht zu dem mittelalterlichen Charakter der Brücke passen. Aber über ein halbes Jahrtausend lang war sie der einzige Weg, der den gewaltigen Verkehr der rheinischen Heerstraße zwischen Köln und Mainz zu bewältigen hatte.

Die feste Rheinbrücke 1663—1670 und die „Fliegende Brücke" 1680—1815.

Während so Koblenz seit dem 14. Jahrhundert eine feste und widerstandsfähige Moselbrücke besaß, sollte es noch lange dauern, bis es auch zu einer festen Rheinbrücke kam. Anlaß hierzu war die Tatsache, daß die Kurfürsten von Trier zu Beginn des 17. Jahrhunderts ihre ständige Residenz nach Koblenz verlegten. Aber nicht in der Stadt selbst hielten sie von nun ab in ihrer Moselburg Hof, sondern in dem großen Schloß „Philippsburg", das sich Kurfürst Philipp Christoph von Sötern auf der anderen Rheinseite am Fuße des Ehrenbreitsteins erbaut hatte. Der Verkehr mit Koblenz wurde durch Kähne aufrechterhalten. Um eine bessere Verbindung mit der Stadt zu erhalten, ließ Kurfürst Karl Kaspar von der Leyen im Jahre 1663 eine feste Brücke über den Rhein bauen. Es war eine Brücke aus Holzwerk, die unweit der Kastorkirche ansetzte. Sie scheint jedoch nicht von langer Dauer gewesen zu sein. Wahrscheinlich ist sie dem Eisgang des Winters von 1670 zum Opfer gefallen.

Alsdann behalf man sich etwa zehn Jahre lang wieder mit Kähnen, bis die kurfürstliche Regierung sich im Jahre 1680 zur Einrichtung einer „Fliegenden Brücke" entschloß. Diese bestand aus zwei durch Balken verbundenen Schiffen, über denen ein Bretterbelag lag. Das Tau und die Ketten, an denen dieses Fahrzeug hing, waren eine gute Strecke flußaufwärts im Rhein verankert und liefen über neun ziemlich große Kähne. Die „Fliegende Brücke" war so groß, daß sie auf einmal „120 Kavalleristen oder 16 Wagen mit 2 Pferden übersetzen und dies innerhalb 24 Stunden 60mal tun konnte". Sie war bis zum Jahre 1819 in Betrieb.

Die Schiffbrücke 1819—1944.

Als im Jahre 1815 Koblenz und Ehrenbreitstein zu preußischen Festungen ausgebaut wurden, benötigte die einheitliche Garnison der beiden Rheinufer einen besseren Verbindungsweg. Es wurde der Bau einer Schiffbrücke beschlossen, deren Herstellung auf 35 700 Taler veranschlagt wurde. In knapp einem Jahr war die Brücke fertiggestellt. Am 18. April 1819 wurde sie dem öffentlichen Verkehr übergeben. Sie ruhte auf 36 hölzeren Kähnen und wurde durch Handbetrieb ein- und ausgefahren. Erst in den achtziger Jahren führte man den Dampfbetrieb ein, und noch später erst erhielt sie eiserne Kähne. In einer Länge von 325 m überspannte sie den Strom. Sie war einer der wichtigsten Verkehrswege über den Rhein, zugleich aber auch nicht nur für die Schiffe, sondern auch für Fußgänger und Wagen ein großes Verkehrshindernis, denn es fuhren bereits vor dem ersten Weltkrieg jährlich etwa 60 000 Schiffe durch sie hindurch, wozu sie etwa 15 000mal geöffnet werden mußte. Gänzlich versagte sie oft bei Hochwasser oder Treibeis. Dann war sie zuweilen wochenlang ausgefahren und im Ehrenbreitsteiner Winterhafen untergebracht. Bereits vor einem halben Jahrhundert dachte man daran, die Schiffbrücke durch eine feste Brücke oder gar durch einen Tunnel zu ersetzen. Aber die Fliegerbomben des 2. Weltkrieges bereiteten im Jahre 1944 all diesen Plänen und auch der Schiffbrücke ein jähes Ende.

Die Koblenzer Eisenbahnbrücke über die Mosel 1858.

Die Koblenzer Eisenbahnbrücke über die Mosel gehört zu den ältesten Eisenbahnbrücken des Rheinlandes. Sie wurde im Zuge der Anlage der linksrheinischen Eisenbahnlinie Rolandseck—Koblenz—Bingen erbaut und nach einjähriger Bauzeit am 11. November 1858 dem Verkehr übergeben. Sie hatte eine Gesamtlänge von 270 m. Über das eigentliche Flußbett führte ursprünglich eine flache eiserne Parallelgitterbrücke mit vier Stromöffnungen, während das Vorflutgelände auf der Koblenz-Lützeler Seite mit sechs Steinbögen überspannt war. Ungefähr in der Mitte, da wo Eisenbrücke und Steinbrücke zusammenstießen, befanden sich auf mächtigem Pfeiler zwei festungsartige Viereckstürme, zwischen denen die Fahrbahn hindurch führte. Auch auf der Koblenzer Seite war die Brücke durch starke Kopftürme gesichert. Die Fahrbahn bestand aus zwei Geleisen ohne trennendes Mittelgitter. Im Laufe der Zeit hat sie mancherlei Veränderungen erfahren. Im Jahre 1908 wurde sie verstärkt und um eine zweite zweigleisige Brücke, die unmittelbar daneben zu liegen kam, erbreitert. 1918 wurde ihre Eisenkonstruktion vollkommen erneuert. Damals erhielt die Brücke ihre unschönen hochaufragenden eisernen Bögen, die heute ganz und gar nicht mehr in das Landschaftsbild passen. In der Mitte zwischen der altehrwürdigen Balduinbrücke und der schönen schlanken Linienführung der neuen Eisenbeton-Straßenbrücke gelegen, macht sie mit ihrer veralteten Eisenkonstruktion keinen schönen Eindruck und verhindert die Aussicht von den beiden anderen Brücken auf die Stadt und ins Moseltal. Eine bereits 1938 dem Oberbürgermeister der Stadt Koblenz von der obersten Eisenbahnbehörde in Berlin zugesagte Beseitigung dieser eisernen Bögen konnte infolge der inzwischen durch den 2. Weltkrieg entstandenen Schwierigkeiten nicht durchgeführt werden.

Die erste Pfaffendorfer Rheinbrücke 1864.

Am Mittelrhein fehlte von Anfang an eine Verbindung der linksrheinischen mit der rechtsrheinischen Bahnlinie und mit der Lahntalbahn. Mit dem Bau einer 307 m langen Eisenbahnbrücke zwischen Koblenz und Pfaffendorf wurde daher im Jahre 1862 begonnen. Drei mächtige Bögen aus Schmiedeeisenkonstruktion, jeder Bogen 97 m lang, überspannten bald den Fluß, während an der Koblenzer Seite die Rheinanlagen mit einem aus Stein gemauerten Bogen überbrückt wurden. Die Brücke hatte drei Hauptträger. Die Unterkante der Bögen lag im Scheitelpunkt rund 15 m über dem normalen Wasserstand, während die Bahnlinie sich noch 62 cm höher befand, so daß ein bedeutendes Kreisstück der Bögen über die Bahnlinie hinausragte. An beiden Enden der Brücke wurden je zwei zehn Meter hohe Festungstürme errichtet, die mit eisernen Toren verschlossen werden konnten. Sie hatte zwei Eisenbahngleise, die durch die hoch über hinwegragende Bogenstücke des mittleren Hauptträgers getrennt waren. Die festliche Einweihung der Brücke sowie der anschließenden Bahnstrecke vom Koblenzer Bahnhof (an der heutigen Fischelstraße) bis nach Oberlahnstein fand am 9. Mai 1864 in Gegenwart des Königs Wilhelm und der Königin Augusta von Preußen, der Großherzogin Luise von Baden und des Herzogs Adolf von Nassau statt, denn die Lahnbahn und die Rheinstrecke Oberlahnstein—Wiesbaden gehörten zu dem damals noch bestehenden Herzogtum Nassau. 1869 wurde auch die Strecke Siegburg—Ehrenbreitstein—Pfaffendorf dem Betrieb übergeben. Die neue Brücke diente in den Stunden, in denen keine Eisenbahnzüge über sie fuhren, dem allgemeinen Fußgänger- und Wagenverkehr, der durch Flaggen- und Lichtsignale geregelt wurde. Als im Jahre 1879 die neuerbaute Horchheimer Eisenbahnbrücke in Betrieb genommen wurde, wurde die südliche Seite der Pfaffendorfer Brücke dem allgemeinen Verkehr ganz freigegeben. Auf der Nordseite der Brücke aber fuhren bis zum Jahre 1899 die Züge der „Koblenzer Stadtbahn" vom Rheinischen Bahnhof (an der heutigen Fischelstraße) bis zum Bahnhof Ehrenbreitstein. Dann wurde auch diese Seite, zunächst unter Beibehaltung ihrer Schienen, stillgelegt und der Koblenzer Straßenbahn überlassen, die dadurch die Gelegenheit erhielt, ihr Netz auf die rechte Rheinseite auszudehnen. Zum letztenmal wurde die nördliche Fahrbahn zu Beginn des ersten Weltkrieges im August 1914 zehn Tage für Proviantzüge von der Eisenbahn benutzt. Dem in den nächsten Jahrzehnten immer mehr ansteigenden Fußgänger- und Autoverkehr war die Brücke schließlich nicht mehr gewachsen, so daß man sich im Jahre 1932 zu einem Umbau entschloß, der einem fast vollständigen Neubau gleichkam.

Die Gülser Moseleisenbahnbrücke 1878 und die Horchheimer Rheineisenbahnbrücke 1879.

Der Bau der Moselbahn erfolgte nach dem deutsch-französischen Kriege von 1870/71 aus strategischen Gründen. Die Arbeiten begannen 1876 und waren schon nach drei Jahren vollendet, so daß die Bahnlinie am 15. Mai 1879 in Betrieb genommen werden konnte. Der Bahnbau bezweckte eine direkte Verbindung von Berlin über Kassel und Gießen nach Metz. Hierzu war aber auch die Errichtung von Eisenbahnbrücken über den Rhein und die Mosel bei Koblenz erforderlich, mit deren Bau man 1877 bzw. 1878 begann, so daß zu gleicher Zeit an zwei Brücken gearbeitet wurde. In Verbindung damit entstand auch in Koblenz der recht primitive „Moselbahnhof" am Fuße der Karthause, an dessen Stelle im Jahre 1902 der heutige Hauptbahnhof erbaut wurde.

Die Gülser Eisenbahnbrücke war bereits im Oktober 1878 vollendet. Auf drei schmiedeeisernen Bögen überspannte sie die Mosel zwischen Güls und Moselweiß in einer ursprünglichen Länge von 226 m, wobei jeder Bogen 64 m lang war. Außerdem erhielt sie an jedem Ufer noch eine 17 m lange gewölbte steinerne Öffnung. Die Brücke hat zwei Geleise. Über fünfzig Jahre hat sie in ihrer ursprünglichen Form den gewaltigen Eisenbahnverkehr bewältigt. Aber schließlich entsprach ihr Bau nicht mehr der Zunahme des Gewichtes der Lokomotiven und der vergrößerten Geschwindigkeit der Züge. Die Eisenbahndirektion Trier entschloß sich daher im Jahre 1925 zu einem vollständigen Umbau, der auch eine Verstärkung der Fundamente und Pfeiler und Verbreiterung der Fahrbahn vorsah. Der Umbau erfolgte ohne Störung des Eisenbahnbetriebes, obwohl täglich über 55 Züge über die Brücke hinwegfuhren.

Der Bau der Horchheimer Rheinbrücke machte besonders auf dem linken Ufer große Erdanschüttungen erforderlich, da hier die bereits vorhandene linksrheinische Eisenbahn und die rheinische Landstraße auf hohen Bögen überschritten werden mußten. Ferner sperrte man die obere Rheinlache, die bis dahin als Rheinarm noch von der Schiffahrt, besonders von der Floßschiffahrt, benutzt worden war, mit einem hohen Damm, der auch die Insel Oberwerth überquerte. Die Brücke erhielt zwei schmiedeeiserne Bögen mit je 106 m Lichtweite. Auf der Koblenzer Seite erhielt sie außerdem noch vier gewölbte steinerne Landbögen von je 25 m Länge, desgleichen einen gleichgroßen Landbogen auf der anderen Rheinseite, so daß die gesamte Brücke 312 m lang war. Zwei hohe Tortürme aus rotem Sandstein krönten die beiden Seitenpfeiler. 1879 war die Brücke vollendet. Mit technischer Vollkommenheit vereinte sie ästhetische Schönheit und fügte sich vortrefflich in das rheinische Landschaftsbild ein. Um die Jahrhundertwende machte der gesteigerte Bahnverkehr vom Ruhrgebiet her, der insbesondere Kokssendungen nach Lothringen und Luxemburg brachte, wobei jetzt täglich 130 fahrplanmäßige Züge über die Horchheimer Brücke fuhren, eine durchgreifende Verstärkung des gesamten Brückenkörpers notwendig. In den Jahren 1901—1902 erhielt die Brücke zwei weitere Hauptträger sowie neue Längs- und Querträger. Auch wurden an beiden Seiten Fußgängerstege angelegt. Um einen direkten Anschluß an die rechtsrheinische Eisenbahnlinie nach Deutz und zum Ruhrgebiet zu erhalten, legte man auf der Horchheimer Seite einen Tunnel an, der in starker Kurve diesen Anschluß herstellte. 1933/34 wurde die Brücke durch den Einbau eines fünften Hauptträgers nochmals verstärkt.

Die neue Straßenbrücke über die Mosel 1934—1945 und die zweite Pfaffendorfer Rheinbrücke 1934—1945.

Sechshundert Jahre lang hat die mittelalterliche Balduinbrücke den gewaltigen Landverkehr über die Mosel bei Koblenz allein bewältigen müssen. Dem nach dem ersten Weltkrieg ins Unermeßliche gestiegenen Autoverkehr aber war die alte enge Brücke nicht mehr gewachsen. Zudem diente sie der eingleisigen Straßenbahn und führte den gesamten Durchgangsverkehr in die engen Straßen der Koblenzer Altstadt, die oftmals die Menge der Fahrzeuge kaum fassen konnten. Ähnliche Verkehrsschwierigkeiten bestanden auch auf der veralteten Pfaffendorfer Rheinbrücke, deren Fahrbahn in der Mitte durch die hochaufragenden Bogenträger in zwei schmale Hälften geteilt war, von denen die eine von der Straßenbahn in Anspruch genommen wurde, während die andere dem Fußgänger- und Autoverkehr diente, für dessen schwere Lastwagen es kaum eine Ausweichmöglichkeit gab. So stand man in Koblenz abermals vor dem Problem zwei Brücken zu gleicher Zeit bauen zu müssen.

Mit dem Bau der Moselbrücke wurde zuerst begonnen. Es sollte eine Brücke aus Eisenbeton werden. Der erste Spatenstich wurde am 25. Januar 1932 gemacht. Auf der Koblenzer Seite begann die neue Brücke am Saarplatz unmittelbar in der Verlängerung des Moselringes, auf dem anderen Ufer überquerten ihre Rampenfortsetzungen am Langemarckplatz die Mayener Straße, um über die Bonner Straße die große rheinische Fernstraße nach Köln zu erreichen. In Koblenz wurde der Verkehr durch die Anlage einer neuen Umgehungsstraße vom Moselring hinter dem Hauptbahnhof am Fuße der Karthause entlang über die Römerstraße zur Laubach geleitet, wo er in die Rheintalstraße nach Mainz einmündet. Die Brücke erhielt drei Strombögen, von denen der rechte 107 m, die beiden anderen je 95 m Spannweite hatten. Mit ihren Zufahrtsrampen an den beiden Ufern betrug die Gesamtlänge der Brücke vom Saarplatz bis zum Langemarckplatz 852 m. Ihre Pfeiler waren etwa 15 m unter dem normalen Wasserstand auf gewachsenem Felsen fundiert. Die Breite der Brücke betrug 18 m, wovon 12 m auf die Fahrbahn, je drei Meter auf die Bürgersteige entfielen. Auf beiden Seiten der Mosel konnte man auf mehreren breiten Treppen die hochgelegenen Brückenrampen ersteigen. Der Raum unter der großen Zufahrsrampe auf dem Koblenz-Lützeler Ufer war für eine Turnhalle ausgenutzt. Nach zweijähriger Bauzeit stand die Brücke fertig da. Es war ein stolzes schlankes Bauwerk aus hellgelb glänzendem Beton, das sich durch Schönheit seiner Formen auszeichnete. Ihre dünnen, flachen Hohlbögen waren Wunderwerke der Technik. Den 107 m langen Bogen an der Koblenzer Seite bezeichnete man damals als den kühnsten Eisenbetonbogen der Welt. Ausgeführt war die Brücke in Gemeinschaftsarbeit von den Firmen Grün & Bilfinger A.G., Heinrich Butzer, Philipp Holzmann A.G. und Dyckerhoff & Widmann A.G., wobei der Entwurf der Firma Holzmann zur Durchführung kam. Die Baukosten betrugen 5,2 Millionen Reichsmark, wovon die Stadt Koblenz jedoch nur mit 105 000 Reichsmark belastet wurde. Am 22. April 1934 wurde die Brücke dem Verkehr übergeben.

Inzwischen war aber auch der Umbau der Pfaffendorfer Rheinbrücke ohne Unterbrechung des Verkehrs rüstig vorwärts geschritten. Ihre alten Pfeiler waren verstärkt und verbreitert worden. Mit ihren neuen Zufahrtsrampen, die in Koblenz an der Stadthalle begannen und in Pfaffendorf an der evangelischen Kirche endeten, war die neue Brücke 959 m lang, wobei die eigentliche Strombrücke von Widerlager zu Widerlager ihre alte Länge beibehielt. Die den Verkehr behindernden Brückentürme wurden abgetragen. Die Fahrbahn, deren Unterbau an den beiden Außenseiten durch zwei neue Hauptträger verstärkt wurde, wurde um etwa 3,50 m erhöht und kam nunmehr auf die Scheitel der früher über sie hinausragenden Bögen zu liegen. Vierspurig erhielt sie eine Breite von 12 m, die durch je zwei Meter breite Fußgängerstege rechts und links noch erweitert wurden, so daß die Gesamtbreite 16 m betrug. Außer den beiden rechts und links von ihr abzweigenden Rampen erhielt sie in fast gerader Verlängerung auf dem rechten Rheinufer noch einen die Emser Straße und die rechtsrheinische Eisenbahn überquerende Zufahrt zu der neuen Umgehungsstraße Ehrenbreitstein—Niederlahnstein. Der Umbau der Brücke war so umfangreich, daß er fast einem Neubau gleichkam. Von den drei Millionen Reichsmark Kosten trugen die Stadt Koblenz nur 200 000 Reichsmark und der Landkreis Koblenz 80 000 Reichsmark. In ihrer neuen Form war die Brücke imstande, allen Anforderungen des Verkehrs gerecht zu werden. Außerdem war sie ein Schmuckstück technischer Baukunst, das mit seinem patinagrünen Anstrich dem Landschaftsbild der Stadt Koblenz zu großer Zierde gereichte. Am 26. August 1934 wurde sie dem Verkehr übergeben.

Die Zerstörung sämtlicher Koblenzer Rhein- und Moselbrücken im zweiten Weltkrieg und ihre Wiederherstellung.

Es ist ein eigenartiges Walten des Schicksals, daß im zweiten Weltkrieg, in dem die Stadt Koblenz unter ungezählten Bombenabwürfen und zahlreichen Flieger-Großangriffen zu leiden hatte und in ihrem Kern zu 85 % zerstört wurde, die Koblenzer Flußbrücken mit Ausnahme der Schiffbrücke, die gegen Ende des Jahres 1944 in den Fluten des Rheins versank, bis zum Kriegsende erhalten geblieben sind, obwohl sie dem Feind als strategisches Ziel erster Ordnung gedient hatten. Und es liegt eine tiefe Tragik in der Tatsache, daß es unserer eigenen Wehrmacht vorbehalten blieb, dieses Zerstörungswerk selber durchzuführen, und das zu einem Zeitpunkt, als der Krieg schon entschieden war. Am gleichen Tage, dem 7. März 1945, an dem den Amerikanern der Übergang über die ebenfalls bisher unzerstört gebliebene Eisenbahnbrücke bei Remagen gelang, wurden sämtliche Koblenzer Rhein- und Moselbrücken von der deutschen Wehrmacht zerstört!

Nach der Einstellung der Kampfhandlungen am 8. Mai 1945 war zunächst eine schnelle, wenn auch provisorische Wiederherstellung der Eisenbahnbrücken erforderlich. Auf der Koblenzer Moseleisenbahnbrücke, bei der hauptsächlich nur die eiserne Strombrücke zerstört worden war, fuhren schon bald wieder die Züge der linksrheinischen Eisenbahn. Desgleichen wurde die Gülser Moseleisenbahnbrücke ebenfalls schnell wieder in Betrieb genommen. Die Horchheimer Eisenbahnbrücke, die fast gänzlich zerstört worden war, mußte durch einen vollständigen Neubau ersetzt werden, der am 16. Juni 1947 fertig war. Die drei zerstörten Strombögen der Balduinbrücke waren anfangs durch an Stahldrähten hängende Laufstege überbrückt, die große Ähnlichkeit mit hin und her pendelnden Urwaldstegen hatten. Der Wiederaufbau dieser Bögen, die aus Stein und Beton hergestellt und dem mittelalterlichen Charakter der Brücke angepaßt wurden, erstreckte sich über mehrere Jahre. Gleichzeitig wurde die ganze Brücke verbreitert und begradigt. Am 20. August 1949 konnte sie dem Verkehr, der während der Wiederaufbauzeit notdürftig aufrecht erhalten worden war, wieder gänzlich freigegeben werden. Ein in die im Januar 1950 fertiggestellte Moselstaustufe im Rauental eingebauter Steg für Fußgänger, ersetzte hier zwar keine Brücke, wurde aber von der Bevölkerung der anliegenden Stadtteile als Verkehrserleichterung freudig begrüßt.

Noch aber fehlten in Koblenz die beiden wichtigsten Straßenbrücken über Rhein und Mosel. Bereits zu Beginn des Jahres 1946 hatte die französische Militärregierung an Stelle der zerstörten Pfaffendorfer Rheinbrücke den Bau einer „Dauerbehelfsbrücke" angeordnet. Und alsbald war hier neben den zerstörten Pfeilern der bisherigen Brücke als zwingende Notwendigkeit eine aus mehreren verschiedenen Eisenkonstruktionen stückweise zusammengesetzte Behelfsbrücke entstanden, die rein zweckgebunden war und keinerlei Anspruch auf Schönheit der Form machte. Sie wurde am 14. Juli 1946 in Betrieb genommen. Da sie von nur leichter Konstruktion und ihre Fahrbahn nur sechs Meter breit war, war sie dem immer mehr anwachsenden Autoverkehr bald nicht mehr gewachsen. Aber es dauerte noch vier Jahre, bis 1950 mit dem Bau einer gänzlich neuen Brücke begonnen werden konnte. Diese erhielt unter Beibehaltung der alten Pfeilerstellung gänzlich neue Pfeiler. Ihre drei fast gleichgroßen Stromöffnungen haben mit insgesamt 311,38 m Länge fast dieselbe Ausdehnung wie ihre Vorgängerin. Sie ist ein Stahlbalkenbrücke, die sich durch ihre flache Linienführung und ihre glatten Außenflächen auszeichnet. Ihre vierspurige Fahrbahn, eine fugenlose Stahlbetonplatte, ist zwölf Meter breit, außerdem besitzt sie auf jeder Seite einen Radfahrerweg von 1,6 m und einen Gehweg von 2,6 m, so daß ihre Gesamtbreite mehr als zwanzig Meter ausmacht. Nach dreijähriger Bauzeit, die jedoch wegen Stahlknappheit achtzehn Monate unterbrochen werden mußte, wurde sie am 18. Juli 1953 dem Verkehr übergeben. Ihre Baukosten wurden zu 55 % vom Lande Rheinland-Pfalz, zu 45 % von der Bundesregierung getragen.

Nirgendwo am ganzen Rhein befindet sich eine solche Zusammenballung von Flußbrücken wie im Koblenzer Raum, dem außer den genannten Rhein- und Moselbrücken auch die drei Lahnbrücken bei Niederlahnstein und die Eisenbahnbrücke zwischen Kaltenengers und Engers zugerechnet werden müssen. Hinzu kommt nunmehr auch noch die neue Straßenbrücke über die Mosel, die nach mehrjähriger Bauzeit jetzt fertiggestellt ist und am 24. Juli 1954 dem Verkehr freigegeben wird. Leider kann die Schiffbrücke wegen der inzwischen erfolgten Motorisierung und der damit verbundenen außerordentlichen Steigerung des Schiffverkehrs nicht mehr hergestellt werden. Verkörpert die schon über sechshundert Jahre alte Balduinbrücke mit ihren engen und malerischen Steinbögen die Romantik des Mittelalters, so sind die beiden anderen modernen Straßenbrücken Kunstwerke neuzeitlicher Brückenbautechnik. Die Stadt Koblenz aber kann stolz sein auf ihre schönen Brücken. Sind doch auch sie Zeugen ihres gerade in den letzten Jahren so emsig betriebenen Aufbauwillens, die im Verein mit den großen sich hier kreuzenden internationalen Schiffahrtswegen, Eisenbahnlinien und Autofernstraßen hinweisen auf die sich immer mehr steigernde Bedeutung der Stadt als wichtigster Verkehrs- und Kulturmittelpunkt am Mittelrhein.

Die Neue Moselbrücke, ihre Verkehrsprobleme früher und jetzt.

Von Stadtbaudirektor **Ernst Bitzegeio**, Koblenz.

Aus der Verkehrsnot, die sich für Straßenbahn, Kraftfahrer, Radfahrer und Fußgänger schon in der 2. Hälfte der 20er Jahre im engen Geschäftsviertel der alten eingeschnürten Festungsstadt zeigte, ist der Plan einer neuen Moselbrücke und gleichzeitig damit eine durchgreifende Verkehrsplanung geboren worden (Abb. 1). Zur einzigen festen Brücke über die Mosel drängte sich aller Durchgangsverkehr beim Wechseln über die Mosel mit dem innerstädtischen Quell- und Zielverkehr hier zusammen. Mit der Staubfreimachung der Landstraßen, die sich in den 20er Jahren erforderlich zeigte, wurde der motorisierte Verkehr für den Fahrer erträglicher und deshalb mit der Zeit auch wesentlich dichter. Die Stadtverwaltung folgte dem Ruf der Geschäftswelt nach Herausnahme des Verkehrs aus dem Geschäftsviertel und wählte zur Lösung des Problems den Standort der neuen Brücke von Stadtmitte aus gesehen hinter der Eisenbahnlinie. Sie tangierte s. Z. nur den damaligen Stadtkern, weil der Bahnbau billiger und die Entwicklung der Stadt so nicht gestört wurde. Obwohl sie heute trotz Hochlage trennend zwischen dem Stadtkern und den äußeren Stadtvierteln liegt, muß ihre Lage doch noch als richtig angesehen werden.

Die Wahl der Brückenlage und die Planung ihrer Anschlußstrecken an die linke Rheinuferstraße, die außerhalb von Koblenz im Süden bergseits und im Norden landwärts neben der Nord-Süd-Strecke gelegen ist, war folgerichtig, und auch nach den topographischen Verhältnissen wäre keine andere Lösung besser gewesen. Das Verkehrsproblem war somit in der Planung gelöst. Die Durchführung war nur noch als Finanzproblem geblieben, mit dem die Stadt aber im Laufe der Jahre abschnittsweise fertiggeworden ist, nachdem die Rheinische Provinzial-Straßenverwaltung sich an den Kosten wesentlich beteiligt hatte. Mit dem Bau der Brücke wurde 1932 begonnen, und während der Brückenbauzeit wurde im Norden der Anschluß an die R 9 und im Süden eine noch fehlende Fahrbahn im heutigen Moselring ausgebaut.

Der Bau der Moselbrücke mit ihrer vorerwähnten Lösung der Verkehrsprobleme war zugleich in der Arbeitslosenkrise der 30er Jahre ein wichtiges und auf Jahre ausgedehntes Arbeitsbeschaffungsprogramm, das vom Landesarbeitsamt auch durch Gewährung von Grundförderung und verstärkter Förderung anerkannt wurde.

Über das gesamte Hochwasserabflußprofil der Mosel wurde über 3 Dreigelenkbögen aus Stahlbeton mit aufgeständerter Fahrbahn das Verkehrsband von insgesamt 18 m Breite gezogen, mit 12 m breiter Fahrbahn und zwei Fußwegen mit je 3 m Breite. Der linke Bogen ließ Raum für den damals geplanten, heute schon fertiggestellten Unterwasserkanal zur Moselschleuse neben der Wasserkraftstaustufe, so daß der Anfang der geplanten Moselkanalisierung in Koblenz bereits geschaffen ist.

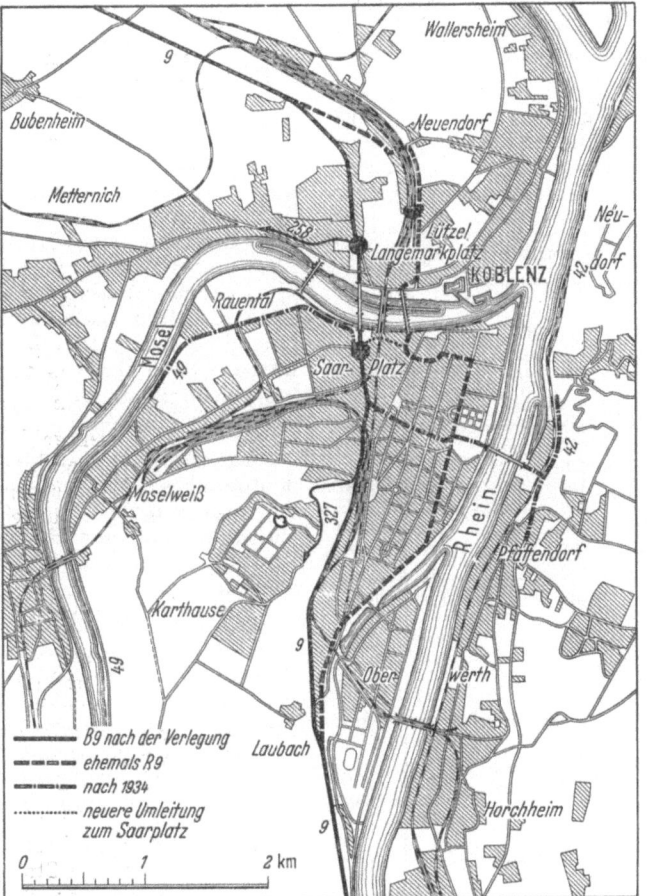

Abb. 1. Lageplan.

Auf der Lützeler Seite war bis zum hochgelegenen Anschluß am Langemarckplatz die Rampe als Kunstrampe mit hoher aufgeständerter Fahrbahn aus Stahlbetonrahmenkonstruktion hergestellt worden, in die von der Weinbergstraße bis zur Metternicher Straße Nutzräume, z. B. eine Turnhalle, eingebaut worden waren. Sowohl an der Weinbergstraße wie auch an der Metternicher Straße waren Treppenaufgänge zur Brücke hergestellt worden. Diese Moselüberbrückung mit Dreigelenkbögen, die von Prof. Dr.-Ing. Dischinger konstruiert war, wies die bis dahin größte Kühnheitszahl $l^2/f = 1410$ m auf.

Mit der Fertigstellung der Brücke 1934 und des nördlichen Anschlusses an die B 9 war die Verkehrsnot der Geschäftsstadt im wesentlichen behoben. Zwar war nach Fertigstellung der Brücke mit ihrer Verbindung im Norden zur R 9 der Durchgangsverkehr aus der Geschäftsstadt herausgebracht, doch mußte er im südlichen Stadtteil noch zur schienengleichen Bahnkreuzung an der Schützenstraße in den Stadtstraßen verbleiben. Dieser schienengleiche Übergang über die lebhaft befahrene Rheinstrecke zeigte sich doch bald als zu verkehrsbehindernd, und es mußte in einem weiteren Bauabschnitt der Anschluß vom Moselring bis zur südlichen bergseits der Eisenbahn gelegenen Rheinuferstraße geschaffen werden. Teils zwischen hohen Stützmauern gegen den sich bis an die Bahnlinie vorschiebenden Ausläufer des Hunsrücks und gegen die tieferliegende Bahnlinie wurde mit wesentlicher Hilfe der Rhein. Prov. Straßenverwaltung die in ihrer Linie gut verlaufende Römerstraße bis 1937 gebaut.

Im Jahre 1939 wurde auch das ganze Hunsrückgebiet durch eine moderne leistungsfähige und dem Fremdenverkehr sehr dienliche Straße (R 327) an die R 9 angeschlossen, womit alle durch die erste Neue Moselbrücke angeschnittenen Verkehrsprobleme ihren Abschluß fanden. Leider ist diese Brücke auch ein Opfer der gegen Kriegsende einsetzenden Vernichtungswelle geworden und stürzte am 7. März 1945 zusammen.

Wenn schon in den 20er Jahren die Verkehrsverhältnisse der Altstadt Anlaß zur Lösung des Verkehrsproblems geworden sind, in einer Zeit, in der der Kraftwagenverkehr seine Entwicklung eigentlich erst begonnen hat, um wieviel mehr war diese Forderung in den letzten vergangenen Jahren berechtigt, die Verkehrsverhältnisse wenigstens wieder auf den Stand von 1939 zu bringen, nachdem durch die Zerstörung der ersten Neuen Moselbrücke praktisch dem seit 1948 ständig anwachsenden Kraftwagenverkehr aber nur die alten Straßenverhältnisse zur Verfügung standen. Am 1. 7. 1928, als die Verkehrsplanung schon in Bearbeitung war, waren im ganzen Regierungsbezirk Koblenz[1] 8764 motorisierte Fahrzeuge zugelassen, und am 31. 12. 52 waren es bereits 64 508 in dem um den Kreis Altenkirchen verkleinerten Bezirk.

Auch die Verkehrszählungen, die im Oktober 1951 und im August 1953 auf der alten wiederum nur einzigen festen Balduinbrücke durchgeführt wurden (s. T. 1 u. 2), zeigen einmal die seit 1948 gewaltig ansteigende Verkehrs-

Tabelle 1. Verkehrszählung. „Alte Moselbrücke" 6.—28.10.1951

Datum	Radfahrer und Motorräder*)	Personenautos	Lieferwagen	Lastkraftwagen	Omnibusse	Pferdefuhrwerke	Panzer, Sonderfahrzeuge	Insgesamt
6.10.51	8433	6108	2340	4772	227	170	46	23905
11.10.51	9050	6783	2490	5287	278	108	48	25994
15.10.51	6911	7204	1562	3192	320	51	35	20567
19.10.51	9298	6444	2257	4848	289	106	117	25272
23.10.51	8763	6807	2222	4617	355	103	107	24834
24.10.51	8825	6758	2238	4721	298	107	66	24976
28.10.51	4728	3902	878	1172	198	35	9	11391
	58008	44006	13987	28609	1965	680	428	156939

*) 60% Radfahrer, 40% Motorräder im Mittel

Tabelle 2. Verkehrszählung. „Alte Moselbrücke" 6.—13.8.1953

Datum	Radfahrer und Motorräder*)	Personenautos	Lieferwagen	Lastkraftwagen	Omnibusse	Pferdefuhrwerke	Panzer, Sonderfahrzeuge	Insgesamt
6.8.53	9234	7487	2747	4652	423	102	1	24646
7.8.53	11069	8091	3060	3495	389	81	—	26185
8.8.53	13597	10177	2679	3094	663	80	—	30290
9.8.53	12995	8893	1187	1799	642	28	—	25544
10.8.53	12902	9039	3007	4250	486	93	1	29778
11.8.53	13687	9559	2897	4069	438	72	—	30722
12.8.53	15577	10546	3534	4363	473	73	—	34566
	89061	63792	19111	25722	3514	529	2	201731

*) 60% Radfahrer, 40% Motorräder im Mittel

zunahme und weiter die außerordentliche Verkehrsnot, in die Koblenz durch die Zerstörung der ersten neuen Brücke gedrängt worden war.

Bund und Land haben wegen der Gefährdung der Behelfsbrücke über den Rhein bei schwerem Eisgang dem Rheinbrückenbau Koblenz-Pfaffendorf zunächst den Vorzug gegeben. Zudem waren die alte Balduinbrücke im Jahre 1949 und auch der teils neue Straßenzug von der Moselbrücke zum Saarplatz unter wesentlicher finanzieller

[1] Angabe des Statistischen Amtes der Stadt Koblenz.

Hilfe von Land und Bund fertiggestellt. So konnte mit dem Bau der zweiten neuen Moselbrücke erst im Jahre 1952 begonnen werden, nachdem im Jahre 1951 der haushaltsreife Vorentwurf durch die Firma Dyckerhoff & Widmann aufgestellt worden war.

Dieser sah eine Spannbetonbrücke mit freiem Vorbau nach System von Dr.-Ing. Dr.-Ing. h. c. Ulrich Finsterwalder vor. Die Verhandlungen mit dem Bundesverkehrsministerium — Abt. Straßenbau — und mit der Landesstraßenverwaltung Rheinland-Pfalz über alle technischen und finanziellen Fragen führten bald zu dem erfreulichen Ergebnis, daß Bund und Land sich ganz wesentlich an den Kosten beteiligt haben durch verlorene Zuschüsse und der Bund außerdem noch durch Hergabe eines Darlehens. Nach Klarstellung der Finanzierung wurden in engerer Ausschreibung noch 5 weitere Entwürfe angefordert, die alle architektonisch befriedigten. Konstruktiv und kostenmäßig zugleich brachte der Entwurf nach Finsterwalder die sicherste Grundlage für den Zuschlag. Dieser Entwurf wurde vom Brückenausschuß und vom Stadtrat genehmigt. Für die Ausführung wurden 5 der anbietenden Firmen, und zwar: Butzer, Dyckerhoff & Widmann, Grün & Bilfinger, Holzmann, Wayß & Freytag in einer Arbeitsgemeinschaft unter Federführung der Firma Dywidag zusammengeschlossen.

Die Lage der Brücke stand auf Grund der früheren klaren Verkehrsplanung außer jeder Erörterung. Für die Berechnung der statischen Verhältnisse wurde Belastung nach der schwersten Brückenklasse 60 gefordert, während beim ersten Bau nur mit 24 t gerechnet war. Für die bessere Aufteilung des Verkehrsbandes nach den Verkehrsarten Kraftfahrer, Radfahrer und Fußgänger wurden noch besondere Radwege gefordert, die früher nicht vorhanden waren, und deshalb wurde die Brücke mit einer Gesamtbreite von 20 m festgelegt, die sich auf 13 m Fahrbahn, 2 · 1,50 m Radweg und 2 · 2,00 m Fußwege aufteilt.

Auf der erhalten gebliebenen Kunstrampe in Lützel bedeutete diese notwendige Verbreiterung die Beseitigung der massiven Brüstungen, die beim Neubau durch ein leichteres, billigeres, durchbrochenes und damit auch dem Kraftfahrer Aussicht gewährendes Stahlgeländer ersetzt werden.

Die Brückengradiente konnte bei der jetzigen Konstruktion vom linken Brückenwiderlager in Lützel, dem Beginn der aufgeständerten, erhalten gebliebenen Fahrbahn, aus nach Vorschaltung des größtmöglichen Kuppenausrundungshalbmessers von 5533 m gradlinig bis zur Höhenlage am Saarplatz durchgezogen werden, wodurch die früher wenig günstige, durch die Bogenkonstruktion der alten Brücke bedingte Kuppe beseitigt wurde.

Die Pfeilerkopfform wurde gemeinsam mit der Wasserstraßendirektion so bestimmt, daß nur ein Geringstmaß von Auslösungen im Strombett bei allen Wasserständen in Zukunft zu befürchten ist. Diese hydraulisch bedingte Form paßt sich architektonisch gut in das Gesamtbild der Brücke ein. Sie hat beim künstlerischen Berater und auch beim Publikum guten Anklang gefunden. Dabei bietet die über den Fußweg hinausragende Kanzel außerhalb des Fußweges Platz zur Anordnung von Bodenklappen für den Zutritt ins Innere der Pfeiler, wo Meßkammern für die Bundesanstalt für Gewässerkunde eingebaut worden sind. Als Spannbetonbrücke im freien Vorbau ist sie bis heute die weitestgespannte und breiteste Brücke, die deshalb während der Bauzeit einen außerordentlich großen Besucherstrom aus der ganzen Welt zu verzeichnen hatte.

Die Verteilerkreise an den Enden der Brückenrampen, der Langemarck- und der Saarplatz, entsprechen in ihrer Durchbildung nicht mehr den heutigen Verkehrsanforderungen, weil die normalen Kreuzungswinkel auf jedem Platz stellenweise so groß sind, daß hier regelrechte Kreuzungen (90°) vorhanden sind mit all den Gefahren, die gerade beim Befahren in einer Richtung um eine Mittelinsel vermieden werden sollen. Ferner sind die Einfädelungslängen zu kurz. Diese den Plätzen anhaftenden Fehler sind so grundsätzlicher Natur, daß eine Korrektur erfolgen muß. Es erhebt sich das Problem, ob die Plätze nun wieder für Rundverkehr oder aber neu für signalgesteuerten Verkehr auszubilden sind, wobei entscheidend ist, welche Verkehrslenkung das Optimum an „Sicherheit, Leistungsfähigkeit und Wirtschaftlichkeit" bietet; denn diese drei Forderungen sind für den Verkehrswert eines Verteilers von höchster Bedeutung.

Gerade die Verkehrszahlen der Tab. 1 und Tab. 2, die sich noch wesentlich steigern werden im Raume Koblenz, dem Hauptknotenpunkt des Mittelrheines, der sich wegen seiner Lage zu einem bedeutenden Handelsplatz und dank seiner landschaftlich schönen Umgebung zu einer viel bereisten Fremdenverkehrsstadt entwickelt hat, weisen mit

sam aus der Kreuzung herausfahren können, vielleicht beunruhigt, aber nur selten in ernste Gefahr gebracht werden kann.

Bei Einstellung der Signalsteuerung grün für Fußgänger und rot für alle Kraftfahrer kann der Fußgängerstrom ganz gesichert werden, was vielleicht dann am Platze ist, wenn starker Fußgängerverkehr zu Beginn und Ende der Berufszeit vorhanden ist. Es darf aber nicht übersehen werden, daß gerade in diesen Zeiten auch die Kraftfahrer sehr massiert auf schnelle Durchfahrt drängen. Beim Rundverkehr ist auf allen Zufahrtsstraßen laufend Bewegung. Signalsteuerung des Verkehrs bietet die größte Sicherheit; das darf als erwiesen angesehen werden.

Zur Frage der Leistungsfähigkeit eines Rundverkehrs muß vorangestellt werden, daß mit Sicherheit nur einspurig gefahren werden kann, auch wenn die Fahrbahn

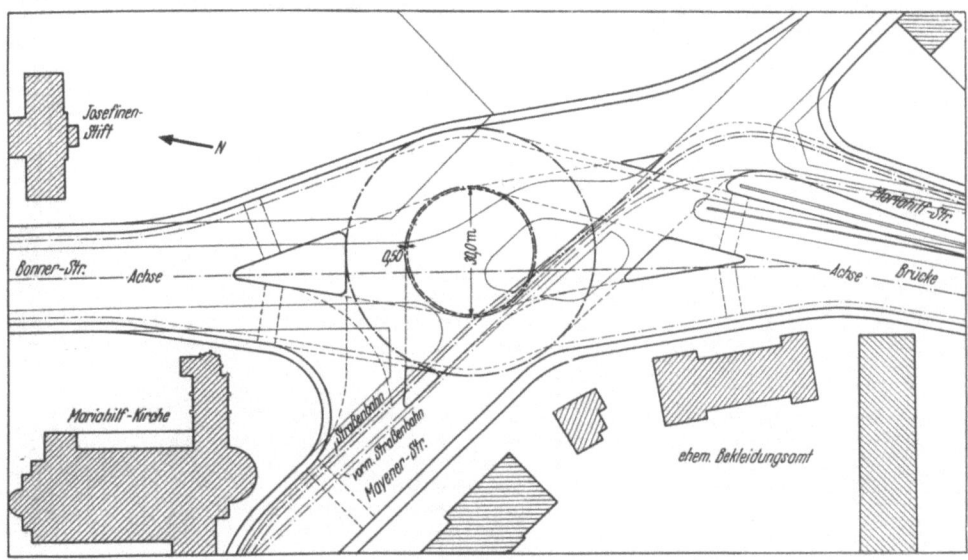

Abb. 2. Langemarckplatz, Neuplanung.

aller Deutlichkeit darauf hin, daß der Sicherheit und Leistungsfähigkeit dieser Plätze größte Aufmerksamkeit gewidmet werden muß, wobei selbstverständlich die Wirtschaftlichkeit nur in realisierbarer Form gehalten werden muß.

Bei der Frage, ob Rundverkehr oder signalgesteuerter Verkehr, scheiden sich die Ansichten der Kraftfahrer. Aus meiner Erfahrung möchte ich die Folgerung ziehen: die stürmischen, wohl meist die jüngeren Fahrer nehmen gern Geschwindigkeitsverminderung im Verteilerkreis in Kauf, wenn sie nur nicht anzuhalten brauchen, und wollen die im Rundverkehr zwangsläufig von jedem Fahrer geforderte erhöhte Aufmerksamkeit gern aufwenden. Die älteren und besonneneren Fahrer legen dagegen mehr Wert auf Sicherheit.

Die Sicherheit ist bei lichtgesteuerten Kreuzungen deshalb am größten, weil nicht nur für die Kraftfahrer, sondern auch für alle anderen Verkehrsteilnehmer — Straßenbahn, Radfahrer und Fußgänger — ganz klare Verhältnisse geschaffen werden. Allen Fahrbahnbenutzern sind durch die Signalsteuerung grün-gelb-rot die Bewegungen vorgeschrieben. Die Radfahrer, die einen besonderen rechts der Fahrtrichtung gelegenen Fahrweg haben, können, wenn sie links abbiegen wollen, nicht quer durch den Verkehrsstrom, sie müssen deshalb vor den in der Querrichtung abgestoppten Wagen einen genügend großen Aufstellplatz haben. Die Signalsteuerung bietet besonders dem Fußgänger bessere Sicherheit als der Rundverkehr, weil er parallel dem grünen Licht die Fahrbahnen überschreiten und nur durch rechtsabbiegende Kraftfahrer, die nur langsam aus der Kreuzung herausfahren können, vielleicht beunruhigt, aber nur selten in ernste Gefahr gebracht werden kann.

im Verteilerkreis und die Fahrbahnen in den einmündenden Straßen mehrspurig sind.

Der einheitlichen Berechnung der Leistung wegen werden alle Fahrzeugarten auf den Personenwagen bezogen, der mit 6 m Länge angenommen wird, obwohl der häufig vertretene Volkswagen nur 4,20 m lang ist. Dabei ist

1 Fahrrad	= $1/3$ PKW
1 Motorrad	= $1/2$ PKW
1 Lastwagen	= 2 PKW
1 Lastzug	= 3,5 PKW.

Für die Berechnung der maximalen Leistung gilt folgende Gleichung:

$$\frac{W}{h} = \frac{h \cdot \frac{V \cdot km}{h}}{Wl + S + Brw + Rw}.$$

Hierbei ist V die Geschwindigkeit = 25 km/h

W = Wagen
h = 3600 sek.
Wl = Wagenlänge = 6 m
S = Sicherheitsabstand = 3 m
Brw = Bremsweg = 6,25 m
Rw = Weg in der Reaktionssek. = 6,9 m.

In den Fahrspuren für Hin- und Rückfahrt ist

$$\max \frac{W}{h} = 2 \cdot \frac{25\,000 \text{ m}}{6 \text{ m} + 3 \text{ m} + 6,25 \text{ m} + 6,9 \text{ m}} = \frac{50\,000 \text{ m}}{22,15 \text{ m}} = 2213.$$

Bei völliger Übersicht über den Platz und die einmündenden Straßen kann m. E. der Reaktionszeitweg von 6,9 vielleicht ganz, zum mindesten aber nur mit der Hälfte eingesetzt werden, wodurch die Leistung noch gesteigert werden kann. Denn einmal stehen im Notfall der Sicherheitsabstand von 3 m = fast dem halben Reaktionszeitweg noch zur Verfügung, ferner die Weglänge, die ein Wagen vor dem Zusammenstoß noch durchruscht.

Bei halber Reaktionszeit wird

$$\max \frac{W}{h} = \frac{50\,000 \text{ m}}{6 \text{ m} + 3 \text{ m} + 6{,}25 \text{ m} + 3{,}45 \text{ m}} = 2674,$$

und bei völliger Außerachtlassung des Reaktionszeitweges ergibt die Berechnung

$$W \frac{50\,000 \text{ m}}{6 \text{ m} + 3 \text{ m} + 6{,}25 \text{ m}} = \frac{50\,000 \text{ m}}{15{,}25 \text{ m}} = 3280 \text{ Kraftwagen,}$$

die im Rundverkehr den Verteiler durchfahren können.

I a und I b zeigen wechselseitige Grün- und Roteinstellungen. In II a, b und c zeigt a den Sonderfall der Grünzeit für Geradeaus- und Linksabverkehr zugleich, für den Fall, daß der linksabbiegende Verkehr so stark (fast gleich mit dem des Hauptstromes) ist und der Aufstellplatz nicht genügend groß ist, um allen linksabbiegenden Verkehr aufnehmen zu können. Das aber hat für den Gegenverkehr den Nachteil, daß dieser länger warten muß, und daß der Hinverkehr in gleiche Richtung doppelte Zeit zur Verfügung hat (s. II b). Dieser Fall ist nur gerechtfertigt, wenn wegen Raummangel für die Aufstellung der Linksabbieger die Grünzeiteinstellung zu kurz gewählt werden müßte. Bei zu kurzer Zeiteinstellung gehen nämlich jedesmal die Gelbzeit, ferner die jedesmal notwendige Reaktions- und Anfahrtzeit verloren, was die Leistung erheblich kürzen müßte. Die Straßenbahn auf dem Langemarckplatz kann

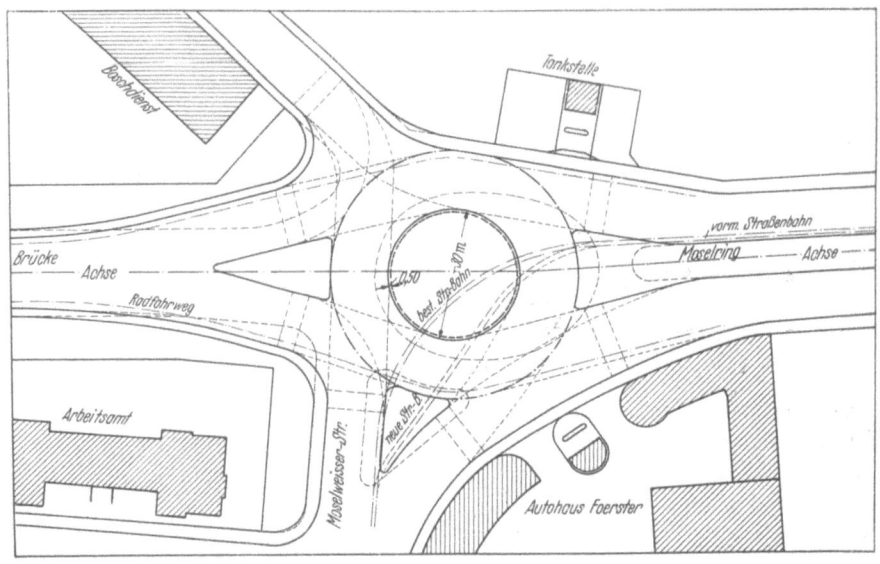

Abb. 3. Saarplatz. Neuplanung.

Bei Lichtsteuerung stehen im Verteilerkreis zwei Fahrspuren zur Verfügung. Als Voraussetzung für das Befahren in doppelter Spur müssen die einmündenden Straßen vierspurig sein, um alle in einer Grünzeit durchgeleiteten Wagen aufnehmen zu können.

Der Durchmesser im Verteilerkreis bei Lichtsteuerung (s. Abb. 2 und 3 kann mit 30 m ⌀ als ausreichend angesehen werden, weil in Städten größere Plätze nur noch mit ungeheurem Aufwand errichtet werden können. In diesem Kreis von 30 m ⌀ kann noch nahezu ein Quadrat von der größten zugelassenen Lastzuglänge von 22 m eingezeichnet werden, so daß mit Sicherheit auch der längste Zug Aufstellung findet, ohne in eine Fahrspur hineinzuragen. Um diesen Kreis wird zweckmäßig ein etwa 50—80 cm breiter andersfarbiger Streifen als Leitstreifen gezogen, in der Nachtzeit mit Straßennägeln oder mit versenkbaren Blinkzeichen.

Das Einfahren in den Aufstellplatz ist nach der „B. O. Kraft" gut möglich, ohne wegen der Breite der Fahrbahnen den nachkommenden Verkehr zu verlangsamen. Forderung jedoch muß sein, daß die Aufstellfläche im Kreis und in der nebenan liegenden gesperrten Fahrbahn so groß ist, daß alle Wagen, die während einer Grünzeit nach links abbiegen wollen, Platz finden müssen; rd. 40 Wagen können Platz finden. Im Verhältnis der Größe des Gesamtaufstellplatzes und der Anzahl der Wagen, die links abbiegen wollen, muß die Grünzeit abgestimmt werden. In den Abbildungen 4 und 5 sind die verschiedenen Möglichkeiten der Lichteinstellungen schematisch gezeichnet.

mit dem Verkehr ihrer Grünzeit den Platz passieren, während sie auf dem Saarplatz wegen Linksabbiegens auf die Gelbzeit verwiesen werden muß, was schnelles Reagieren und flotte Fahrt bedingt. Die Geschwindigkeit in den Platzanlagen (s. Abb. 2 u. 3) kann im Mittel auf 35 km/Std. heraufgesetzt werden, weil die einmündenden Straßen wegen der Richtungsinseln tangential in die Plätze eingeführt werden, und weil die deshalb wirklich jeweils durchfahrenen Radien größer sind als der Radius des Mittelkreises.

Die Berechnung der maximalen Leistung im Falle I a bei einer Grünphase von 2 Minuten nach Abzug von 10 sek. für Gelbzeit und 10 sek. für Reaktionszeit und Anfahrtzeit, wobei also die Durchlaufzeit nur 100 sek. beträgt, und bei einer Geschwindigkeit von 35 km/Stde. und $Rw = 9{,}75$ m ergibt

$$\max \frac{W}{100 \text{ sek.}} = 4 \cdot \frac{100 \text{ sek.} \cdot V/\text{sek.}}{Wl \text{ m} + S \text{ m} + Brw \text{ m} + Rw \text{ m}} =$$

$$= 4 \cdot \frac{100 \cdot 9{,}75}{6 \text{ m} + 3 \text{ m} + 12{,}25 + 9{,}75} = \frac{3900}{31{,}00} = 126$$

oder bei Wegfall des Reaktionszeitweges 3900/21,25 = 188 oder in einer Stunde nach I a + I b = 30 · 188 = 5640.

Auf den Reaktionszeitweg kann hier in der Rechnung ganz verzichtet werden, weil klare Übersicht über den Platz geboten ist und weiter, weil alle über den Platz hinüberfahrenden Wagen vor Behinderung durch in den Kreis einmünden wollenden Verkehr, wie dies bei Rundverkehr laufend der Fall ist, gesichert sind.

Für den Fall II a + II b können die Berechnungen noch nicht genau durchgeführt werden, weil die Verkehrszählungen auf der alten Balduinbrücke keine genauen Aufschlüsse liefern können darüber, wieviel Eckverkehr auf dem Saarplatz von B 49 nach B 9 über die neue Brücke rollen wird; auf dem Langemarckplatz konnte kein allgemeingültiges Verkehrsbild gefunden werden, weil im Ortsteil Metternich seit 1950 große, einmalige Besatzungsbauten durchgeführt wurden, die über den Normalverkehr

eine größere, teurere Platzanlage fordern würde als bei signalgesteuertem Platz.

Ohne mit genauen Berechnungsgrundlagen zu dienen, darf gesagt werden, daß das aufzuwendende Kapital, der Zinsendienst und die Betriebskosten für einen Rundverkehrsplatz teurer sind als für einen signalgesteuerten Platz.

Zusammenfassend darf festgestellt werden, daß im Interesse der Gefahrenminderung die Plätze in jedem Falle

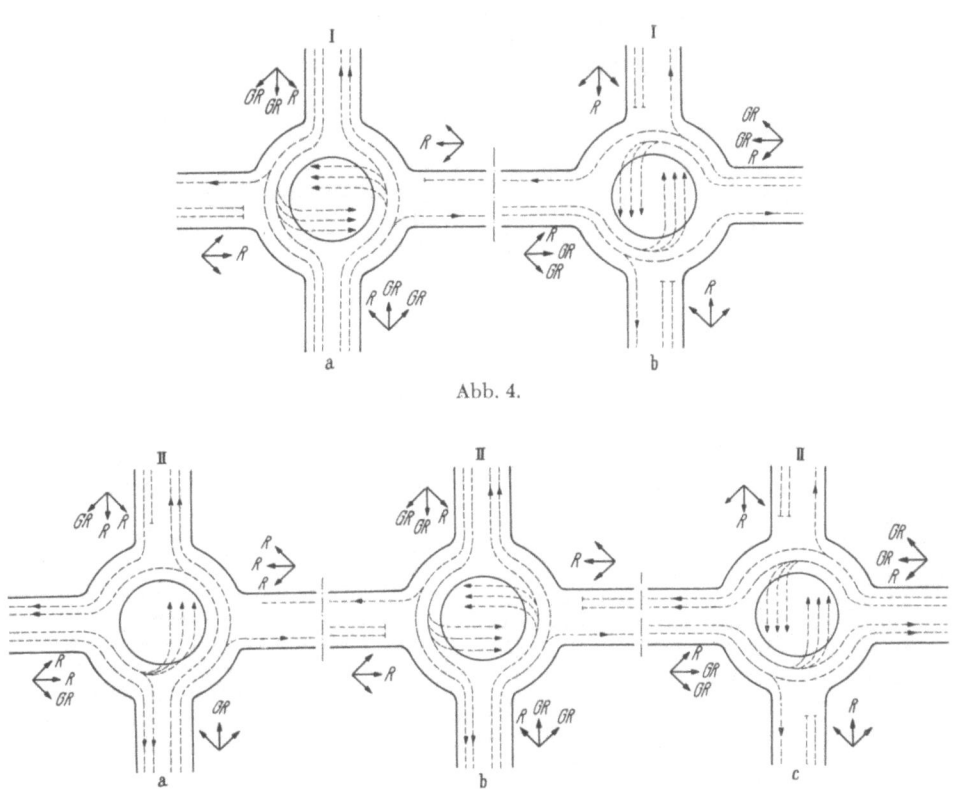

Abb. 4 u. 5. Schematische Darstellung der Lichteinstellungen.

weit hinausgehenden Baustofflieferungsverkehr verursachten. Sollte hier Linksabverkehr mehr als rd. 25 % des Hauptverkehrs ausmachen, müßte die Gesamtleistung wegen Verminderung der Geschwindigkeit von 35 km auf 25 km, die für diesen Fall angebracht ist, und wegen Vergrößerung der Gelbzeit, der Reaktions- und Anfahrzeit kleiner werden. Es müßte dann nur die Hälfte der errechneten 5640 Wagen mit 2820 angesetzt werden. Der Eckverkehr wäre mit 70 % des Geradeausverkehrs einzusetzen und der Gesamtverkehr mit 0,7 · 2820 + 2820 = 4794 zu beziffern, eine Leistung, die die im Rundverkehr bei weitem übertrifft.

Die größere Wirtschaftlichkeit bei signalgesteuertem, zweispurigem Verkehrsplatz ist dadurch gegeben, daß auf Unterführungen einschl. Verlegung der unterirdischen Leitung für die Fußgänger verzichtet werden kann, während der Umbau für Rundverkehr mit normalen Kreuzungswinkeln unter 35° und ausreichenden Einfädelungslängen

umgebaut werden müssen. Die anhaltende Verkehrszunahme wird noch das Doppelte der heutigen Zahlen erreichen, wobei Koblenz, als Handelsplatz und Fremdenverkehrsstadt, mit einer weiteren progressiven Zunahme rechnen muß. Deshalb wird der Notruf des Verkehrs auf Verbesserung der Verkehrsverhältnisse an dem markanten Langemarckplatz und Saarplatz schon bald zu erwarten sein.

Da Sicherheit und Leistungsfähigkeit sowie Wirtschaftlichkeit, d. h. alle Hauptforderungen, die an einen Verkehrsplatz zu stellen sind, für den lichtgesteuerten Platz sprechen, darf ich die Hoffnung aussprechen, daß Bund und Land so, wie sie es bei den früheren Lösungen der Verkehrsprobleme dankenswerterweise getan haben, auch hier in der nächsten Zeit in fachlicher Beratung und mit finanzieller Beteiligung die Lösung des Problems anstreben werden im Interesse des bedeutenden Verkehrs auf der linken Rheinuferstraße.

Die Neue Moselbrücke in Koblenz.
Entwurf und Berechnung.
Von Dr.-Ing. E. h., Dr.-Ing. **Ulrich Finsterwalder**
und Dr.-Ing. **Georg Knittel**, München.

1. Vorgeschichte.

In den Jahren 1932—1934 war zur Entlastung der steinernen Balduinbrücke auf der Linie Saarplatz—Langemarckplatz eine Stahlbetonbrücke mit drei großen Öffnungen errichtet worden [1]. Sie war als eine der kühnsten Bogenbrücken der damaligen Zeit bekannt. In den letzten Kriegstagen wurde sie durch Sprengungen zerstört. Die drei Gewölbe stürzten ein, die Pfeiler und Widerlager brachen ab und stellten sich infolge der ungleichen Schübe schräg, so daß sie nicht mehr brauchbar waren. Erhalten geblieben, wenn auch durch die Sprengungen beschädigt, ist die aus Längs- und Querrahmen gebildete anschließende Rampenbrücke auf der Lützeler Seite der Mosel.

Bereits in den ersten Nachkriegsjahren befaßten sich die maßgebenden Stellen mit der Planung für den Wiederaufbau dieser wichtigen Brücke. Wenn auch die Bauarbeiten aus Mangel an finanziellen Mitteln zunächst zurückgestellt wurden, so mußte doch untersucht werden, ob wieder eine Bogenbrücke oder aber eine Balkenbrücke mit teilweise neuen Gründungen gebaut werden sollte.

Im Jahre 1951 erhielt die Bauunternehmung Dyckerhoff & Widmann KG. von der Stadt Koblenz den Auftrag, einen Entwurf für den Wiederaufbau der Moselbrücke unter Verwendung von Spannbeton auszuarbeiten.

Konkurrenzentwürfe für den Bau einer Bogenbrücke erwiesen die Wirtschaftlichkeit der neuen Bauweise gegenüber der Wiederherstellung des alten Zustandes.

Das neue Brückenbauwerk sollte in der alten Straßenachse zwischen den erhalten gebliebenen beiderseitigen Zufahrtsrampen eingeführt werden. Mit Rücksicht auf die unbeschädigt gebliebenen Grundbauten sollte die Pfeilerstellung der zerstörten Brücke beibehalten werden. Da jedoch die Verkehrsdichte gegenüber früher stark zugenommen hatte, mußte den gesteigerten Anforderungen durch eine Verbreiterung der Brückentafel von bisher 18 auf 20 m Rechnung getragen werden. Ebenso waren die Rampenbrücke in Lützel und die Dammbauwerke auf 20 m zu verbreitern.

Nach längeren Verhandlungen, die sich über die erste Hälfte des Jahres 1952 erstreckten, wurde der Spannbetonentwurf der Dyckerhoff & Widmann KG. mit geringfügigen Änderungen zur Ausführung bestimmt und der Bauauftrag im Juli 1952 an die Arbeitsgemeinschaft der Firmen Dyckerhoff & Widmann KG., H. Butzer, Grün & Bilfinger AG., Philipp Holzmann AG. und Wayss & Freytag AG. vergeben.

2. Der Ausführungsentwurf.

Mit Rücksicht auf die Wiederverwendung der Senkkastengründung der zerstörten Brücke ist das neue Tragwerk im wesentlichen an die früheren Spannweiten gebunden. Für den Überbau wurde, in Anlehnung an den Entwurf der seit vorigem Jahr in Betrieb stehenden Rheinbrücke in Worms, ein System von Kragträgern gewählt, die aus den beiden Mittelpfeilern und aus zwei neu zu gründenden Uferpfeilern auskragen. Die Art des gewählten Tragwerkes begünstigt auch den Bauvorgang, da die Brücke über den drei Hauptöffnungen ohne feste Gerüste im freien Vorbau zu errichten war.

Die in den beiden Mittelpfeilern eingespannten Träger sind in bezug auf diese symmetrisch ausgebildet, während die beiden Seitenträger landseitige Ausleger als Gegengewicht erhalten haben. Diese stellen gleichzeitig den Anschluß an die bestehenden Rampenbauwerke dar.

In den Mitten der drei Öffnungen sind je zwei gegenüberliegende Träger durch Pendelgelenke miteinander verbunden. Sie ermöglichen die Übertragung von Querkräften von einem Träger zum anderen, gestatten aber gleichzeitig gegenseitige Längsverschiebungen der beiden Träger, z. B. bei Temperaturänderungen. Durch diese Maßnahme können Zwängungsspannungen im Tragwerk, abgesehen von der Lagerreibung, und waagrechte Schübe auf die Pfeiler vermieden werden.

Abb. 1 zeigt die Hauptbrücke in der Ansicht, im Längenschnitt, im Grundriß und im Querschnitt. Die Spannweiten der 3 Öffnungen betragen von links nach rechts 101,47 m, 113,90 m und 122,85 m. Auf dem linken (Lützeler) Moselufer schließt sich ein — in Brückenachse gemessen — 23,67 m langer Ausleger an, während der Ausleger auf dem rechten (Koblenzer) Ufer wegen der größeren Spannweite des auskragenden Trägers 33,50 m lang sein muß. Beide Ausleger sind zur Erhöhung der Gegengewichtswirkung mit einem Ballast aus Magerbeton versehen und seitlich durch Stahlbetonwände verkleidet, so daß sie den Eindruck eines massiven Klotzes vermitteln, aus dem die Seitenträger herauswachsen.

Die Hauptbrücke ist im Grundriß ebenso wie die frühere Brücke 70° schief.

Eine bedeutsame Verbesserung gegenüber dem früheren Zustand konnte in der Linienführung im Aufriß erzielt werden. Abb. 2 gibt das überhöhte Längenprofil der Brücke wieder. Vom Lützeler Ausleger beginnend, verläuft die Nivellette im Gegensatz zu früher zunächst auf eine Länge von 68,29 m nach einem Ausrundungsbogen mit 5583 m Halbmesser, um dann auf eine Länge von 453 m, d. i. bis zum Rampenanfang am Saarplatz, gleichmäßig 1 : 75,042 zu fallen. Diese neue Nivellette hat, wie aus dem Vergleich beider Linien zu erkennen ist, gegenüber der früheren den Vorzug, daß die Neigung der Koblenzer Rampe von 1 : 34,8 auf den oben genannten Wert 1 : 75,042 ermäßigt werden konnte. Dadurch war es auch möglich, die Oberkante des rechten Strompfeilers um rd. 2,5 m und die Dammkrone der Koblenzer Rampe am Brückenende um rd. 2 m tiefer zu legen.

Trotz der Tieferlegung der Nivellette bereitete es keine Schwierigkeiten, die Schiffahrtsöffnungen im Mosellauf und im Schleusenunterkanal in den geforderten Breiten von 80 m bzw. 50 m und in der Höhe von 6,25 m bzw. 6,05 m über dem höchsten schiffbaren Wasserstand einzuhalten.

Die Trägerform mit der leicht geschwungenen unteren Leibung entspricht der Beanspruchung der Kragkonstruktion. Sie hat den Vorzug, daß einerseits die großen Eigengewichtslasten nahe der Einspannstelle wirken und, weil sie an einem kurzen Hebelarm drehen, verhältnismäßig kleine Biegemomente hervorrufen. Andererseits werden diese Momente mit dem größtmöglichen Hebelarm der inneren Kräfte aufgenommen.

Zwar ergeben sich durch die gelenkige Verbindung der Kragträger untereinander infolge der Verkehrslasten auch Wechselmomente. Sie erreichen jedoch nicht die Größe der Momente, die in den Innenfeldern von Durchlaufträgern entstehen und die durch die Vorspannung nur unwirtschaftlich aufgenommen werden können.

Daß die Durchbiegungen eines Kragträgers größer sind als die eines Durchlaufträgers, ist hier ohne Bedeutung, da sie wegen der großen Biegesteifigkeit der Betonkonstruktion ohnehin nur klein sind und durch die Vorspannung überdies weiter vermindert werden.

Die Trägerhöhe wächst von der Stelle des Gelenkes bis zum Anschnitt am Pfeiler von 2,50 m auf 7,00 m an. Die untere Leibung ist nach dem Mantel eines schiefen Zylinders ($\alpha = 70°$) geformt, dessen Leitlinie durch die Funktion $y = f \cdot \sin \pi x/l$ gegeben ist. Darin ist $f = 7,0 - 2,5 = 4,5$ m die Pfeilhöhe des Bogens an der Stelle des Gelenkes und l die für jede der drei Öffnungen verschiedene Lichtweite. Durch die Wahl einer schiefzylindrischen

Die Neue Moselbrücke in Koblenz.

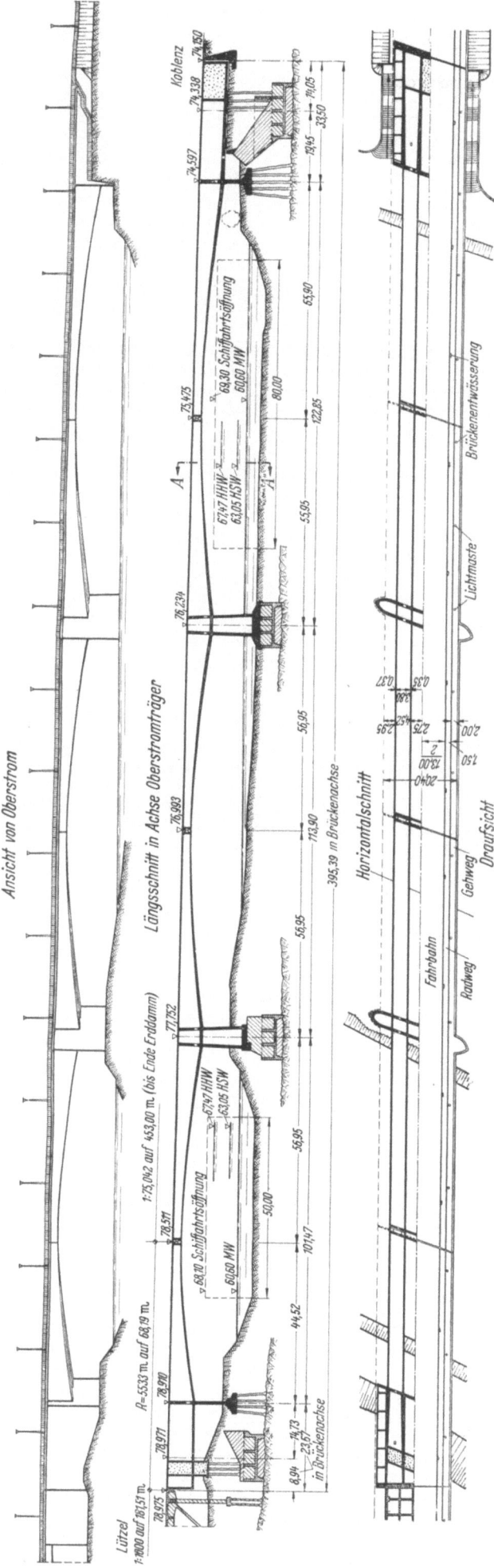

Fläche als untere Leibung war es möglich, dem Wunsche des Bauherrn und seines Architekten zu entsprechen und als Verschneidungslinie zwischen unterer Leibung und Pfeilerwand eine waagrechte Gerade zu erhalten. Dies war bei der alten Bogenbrücke, deren untere Leibung überdies am Kämpfer noch steiler verlief, nicht der Fall und, wie man aus den Abbildungen von [1] sehen kann, ästhetisch nicht befriedigend.

Da die Brücke jedoch in Abschnitten senkrecht zur Brückenachse frei vorgebaut wurde, hatte diese Formgebung zur Folge, daß sich die Querneigung der Unterkante der einzelnen Bauabschnitte laufend änderte. Die Erschwernisse, die hierdurch für die Bauausführung entstanden, waren nicht bedeutend.

Im Querschnitt ist die Hauptbrücke als doppelter Hohlkastenträger ausgebildet. Er besteht aus der quer und längs vorgespannten Fahrbahnplatte mit beiderseitigen Konsolen zur Aufnahme der Geh- und Radwege und aus 4 Tragwänden, von denen je zwei durch eine Bodenplatte miteinander verbunden sind (Abb. 3). Die Fahrbahnplatte ist gleichbleibend 30 cm dick und nur am Übergang zu den Tragwänden durch kleine Schrägen auf 38 cm verstärkt. Die Dicke der beiden inneren Tragwände ist auf 35 cm festgelegt, die der äußeren beträgt 37 cm für den Fall, daß die Außenflächen später noch bearbeitet werden sollten. Die Dicke der Bodenplatte nimmt mit wachsender Druckkraft vom Gelenk bis zu den Pfeilern stetig zu. Sie beginnt bei allen Trägern mit der Mindestdicke von 12 cm und wächst bei den Mittelträgern auf 80 cm, beim Lützeler Seitenträger auf 60 cm und beim Koblenzer Seitenträger mit der größten Auskragung von 65,90 m auf 1,20 m Dicke an.

In den Mitten der drei Öffnungen und an den Pfeilern sind die Hauptträger durch aussteifende Querträger miteinander verbunden. Die Mittelquerträger haben neben der Fahrbahnplatte die Aufgabe, einseitig stehende Verkehrslasten in der Querrichtung zu verteilen.

An den beiden neuen Uferpfeilern gehen die Seitenträger in die Ausleger über. Diese sind ebenfalls als Hohlkastenträger ausgebildet. Wegen der sprunghaft ansteigenden Querkräfte an den Stützwänden muß auch die Wanddicke von 35 cm auf 1,05 m vergrößert werden. Sie verringert sich nach hinten mit der Abnahme der Querkraft linear bis auf 40 cm bzw. 50 cm. Zur Aufnahme eines Ballastes aus Magerbeton sind die Ausleger an den Enden als geschlossene Kasten ausgebildet. Der Ballast auf der Lützeler Seite wiegt rd. 750 t, auf dem Koblenzer Ausleger rd. 1650 t. Die Ausleger stützen sich, da im Bauzustand bzw. bei unmittelbar über ihnen stehender Verkehrslast das Kippmoment noch fehlt bzw. nicht groß genug ist, auf einen Pfahlrost ab, der die Lasten auf die Senkkasten der alten Bogenwiderlager überträgt. Ein unmittelbares Aufsetzen auf den Boden ist nicht möglich, da es sich hier um aufgefülltes Erdreich handelt und starke Setzungen befürchtet werden müßten.

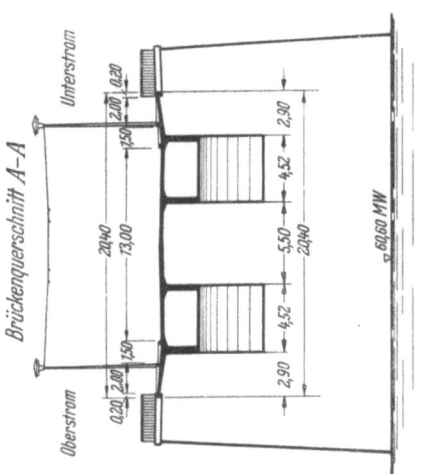

Abb. 1 Gesamtübersicht der Hauptbrücke

Die Brückentafel besitzt eine nutzbare Breite von 20 m zwischen den Geländern. Hiervon entfallen 13 m Breite auf die Fahrbahn, 2·2 m auf die beiderseitigen Gehwege und 2·1,5 m auf die Radwege. Fahrbahn, Geh- und Radwege erhalten ein Quergefälle gegen den Bordstein. Es beträgt für die Fahrbahn 2%, für die Geh- und Radwege 1,5%.

Die Bordsteine zwischen Fahrbahn und Radweg sowie zwischen Radweg und Gehweg wurden als nachträglich einzubauende Betonfertigteile geplant. Zur Erzielung des erforderlichen Höhenunterschiedes zwischen Fahrbahn, Geh- und Radweg erhalten die Konsolen einen Aufbeton.

Die Brückengesimse, die zugleich die Verankerungsstellen der querliegenden Spannbewehrung der Brückentafel verdecken, werden nachträglich in einem gesonderten Arbeitsgang hergestellt, so daß eine einwandfreie Linienführung der Gesimskante sichergestellt ist.

Durch die kräftige Vorspannung in der Quer- und Längsrichtung wird die Fahrbahnplatte einschließlich der Konsolen rißsicher und dicht. Auf eine besondere Dichtungs- und Schutzschicht kann deshalb verzichtet und der Asphalt unmittelbar auf die Spannbetonkonstruktion auf-

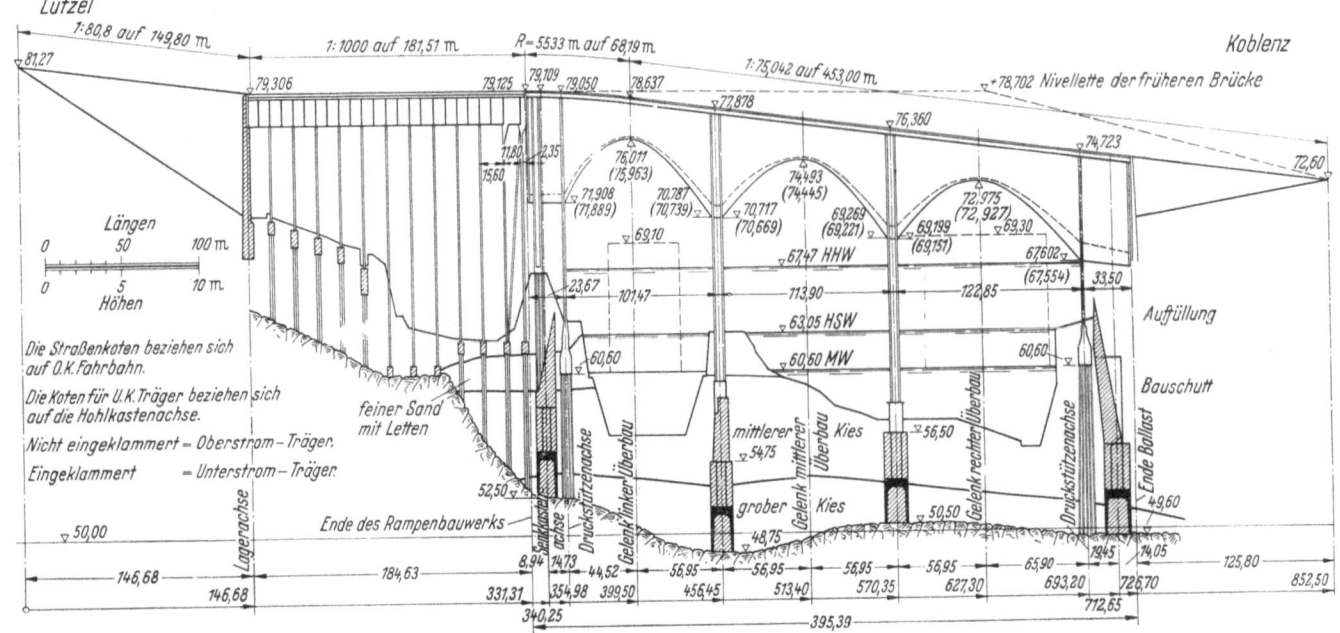

Abb. 2. Überhöhtes Längenprofil.

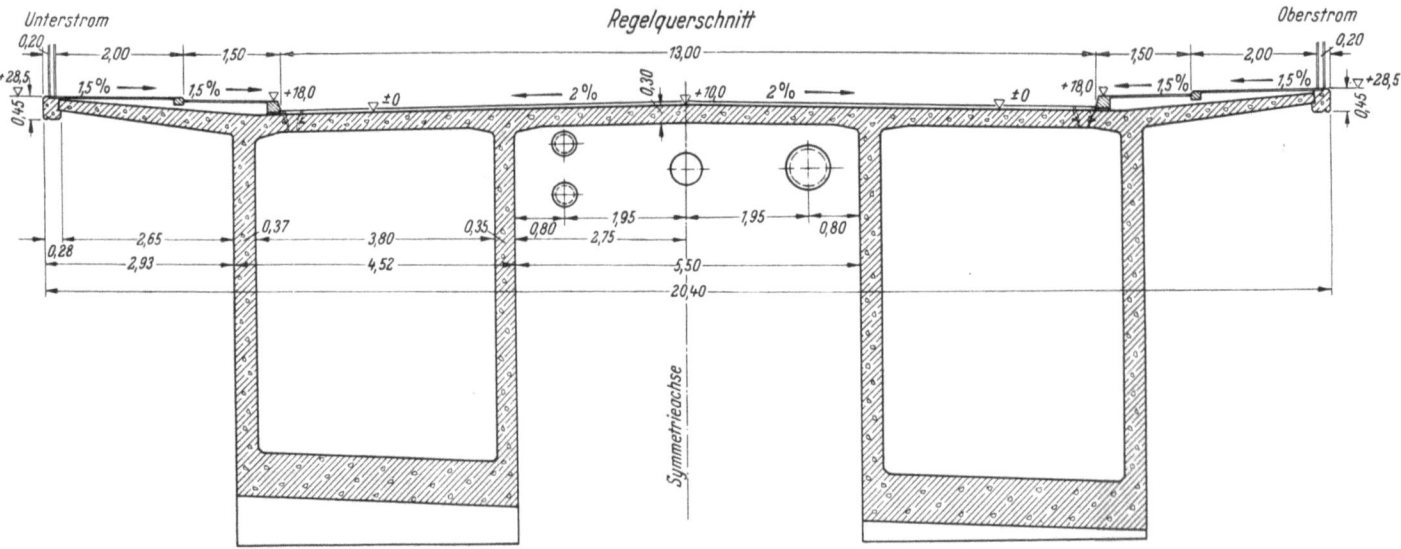

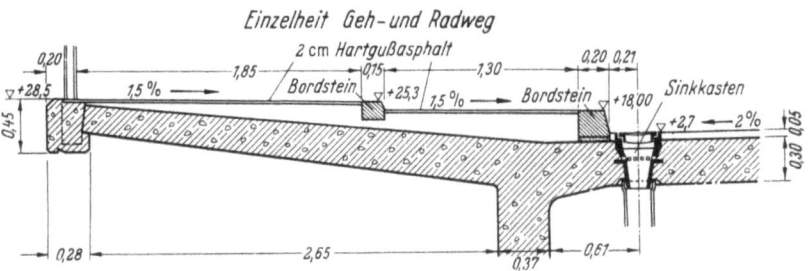

Abb. 3. Brückenquerschnitt und Einzelheit der Gehwegausbildung.

gebracht werden. Die Alphaltschicht auf der Fahrbahn ist 5 cm dick, die auf den Rad- und Gehwegen 2 cm.

Belastungsannahmen und Baustoffe.

Die neue Brücke ist für die Regellasten der Brückenklasse 60 der DIN 1072, Straßen- und Wegbrücken, Lastannahmen bemessen. Ferner wurden bei der statischen Untersuchung des Tragwerkes DIN 1045, Bestimmungen für die Ausführung von Bauwerken aus Stahlbeton, DIN 1075, Massive Brücken, Berechnungsgrundlage und DIN 4227, Spannbeton, Richtlinien für die Bemessung und Ausführung, berücksichtigt.

Der Beton des gesamten Überbaues, der Ausleger und der neuen Uferpfeiler hat eine Betongüte B 450, der Beton der Mittelpfeiler und der neuen Gründung der Uferpfeiler B 300. Für die im freien Vorbau hergestellten Tragwerksteile wurde Zement Z 425 verwendet mit Rücksicht auf die für den raschen Baufortschritt beim freien Vorbau notwendigen hohen Anfangsfestigkeiten, für alle übrigen Bauteile Zement Z 325.

Als Spannstahl wurde der von den Hüttenwerken Rheinhausen AG. hergestellte Stahl 60/90 verwendet, dessen Eigenschaften bekannt sind [2].

Die statische Untersuchung und konstruktive Einzelheiten des Entwurfs.

Entsprechend dem Bauvorgang besteht der Überbau zunächst aus 4 voneinander unabhängigen statisch bestimmten Tragwerksteilen, nämlich aus den beiden vom Insel- und vom Strompfeiler symmetrisch nach beiden Seiten auskragenden Trägern und aus den beiden Seitenträgern, die aus dem Lützeler und Koblenzer Ausleger

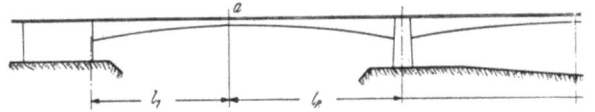

Abb. 4. Träger der linken Seitenöffnung.

herauswachsen. Nach der Fertigstellung der Einzelträger werden deren Enden durch Einbau von Gelenken miteinander verbunden, und es entsteht ein dreifach statisch unbestimmtes Tragwerk. Auf diese Änderung des Systems während des Baues sowie auf die durch den freien Vorbau gegebenen Besonderheiten war bei der Untersuchung des Tragwerkes zu achten.

Ein Teil der ständigen Lasten, nämlich das Eigengewicht der Träger, wirkt im statisch bestimmten System, während der Rest, d. s. die von den Fahrbahnaufbauten verursachten Lasten, im statisch unbestimmten System wirkt. Das gleiche gilt für die Verkehrslasten. Das Eigengewicht der Träger ist veränderlich. Es beträgt am Gelenk 23,2 t/m und steigt bis zum Einspannquerschnitt auf 47,2 t/m an. Die Lasten der Fahrbahnaufbauten, der Leitungen usw. betragen 4,8 t/m. Alle angegebenen Werte beziehen sich auf die gesamte Breite der Brücke.

Einer besonderen Untersuchung bedurfte der Einfluß des Kriechens auf den Spannungszustand des Tragwerkes.

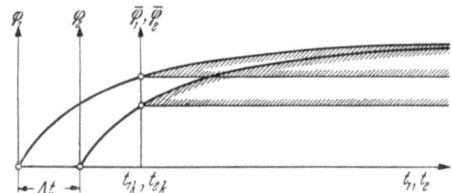

Abb. 5. Verlauf der Kriechkurven.

Es ist bekannt, daß der Spannungszustand eines statisch unbestimmten Systems mit einheitlichem Elastizitätsmodul infolge äußerer Lasten durch den Kriechvorgang nicht beeinflußt wird. Dieser Fall liegt hier nicht vor, da im Laufe der Herstellung des Tragwerkes dessen System geändert wurde, das Tragwerk selbst aber bereits einem großen Teil der Belastung unterworfen war.

Die in den Seitenöffnungen gelenkig verbundenen Träger sind ungleich lang und infolge des Bauvorgangs in ihrem Alter voneinander verschieden. Überdies sind ihre Einspannungsverhältnisse unterschiedlich; der aus den Mittelpfeilern auskragende Überbau ist in diesen starr eingespannt, die Seitenträger dagegen elastisch eingespannt.

Demzufolge sind die elastischen Durchbiegungen der später durch Gelenke verbundenen Trägerenden verschieden groß. Durch entsprechende Überhöhung während des freien Vorbaues kann erreicht werden, daß die Trägerenden zum Einbau des Gelenkes gleich hoch stehen. Zu diesem Zeitpunkt ist das Gelenk frei von Querkräften. Unter Einfluß des Kriechens ist der Träger mit der geringeren Biegesteifigkeit bestrebt, sich stärker durchzubiegen als der andere. Da beide Arme durch das Gelenk zusammengehalten sind, sich also an den Enden um das gleiche Maß senken müssen, entsteht eine Gelenkquerkraft, die im Laufe der Zeit einem Grenzwert zustrebt. Gleiche Überlegungen gelten auch für den Fall, daß infolge des unterschiedlichen Alters beider Kragträger eine Phasenverschiebung im Kriechverlauf eintritt. Der zur Ermittlung der Querkraft eingeschlagene Rechnungsgang soll hier kurz skizziert werden.

Das Tragwerk bestehe aus 2 Kragarmen mit den Längen l_1 und l_2 und mit unterschiedlichen Einspannungsverhältnissen (Abb. 4). Beide Träger werden frei vorgebaut und hierauf durch ein Gelenk miteinander verbunden. Der Altersunterschied der beiden Arme betrage Δt. Ferner sei angenommen, daß die Kriechkurven beider Träger kongruent, jedoch in ihrer Phase um Δt gegeneinander verschoben seien (Abb. 5). Der Kriechvorgang des Trägers 1 folge der Kurve $\varphi_1(t_1) = \varphi_\infty \cdot (1 - e^{-t_1})$, der des Trägers 2 der Kurve $\varphi_2(t_2) = \varphi_\infty \cdot (1 - e^{-t_2})$. Zum Zeitpunkt der Koppelung der beiden Einzelträger ist

$$t_{1k} = t_{2k} + \Delta t.$$

Beide Träger haben bis zu diesem Zeitpunkt plastische Verformungen hinter sich, die den bis dahin erreichten Kriechzahlen entsprechen, nämlich

$$\varphi_1(t_{1k}) = \varphi_\infty \cdot (1 - e^{-t_{1k}}),$$
$$\varphi_2(t_{2k}) = \varphi_\infty \cdot (1 - e^{-t_{2k}}).$$

Für den weiteren, von beiden Trägern gemeinsam durchgemachten Kriechprozeß gelten die Abschnitte der Kriechkurven in Abb. 5, die durch waagerechte Geraden durch die Schnittpunkte der Ordinate im Zeitpunkt t_{1k} bzw. t_{2k} mit den Kurven 1 und 2 begrenzt werden.

Die Ausdrücke für diese Kriechkurven lauten:

$$\bar\varphi_1(t_1) = \varphi_\infty \cdot (e^{-t_{1k}} - e^{-t_1}) = \varkappa \cdot \bar\varphi_2(t_2),$$
$$\bar\varphi_2(t_2) = \varphi_\infty \cdot (e^{-t_{2k}} - e^{-t_2}).$$

Der erste Ausdruck kann in Abhängigkeit von t_2 geschrieben werden, wenn die Phasenverschiebung Δt eingeführt und $\varkappa = e^{-\Delta t}$ gesetzt wird.

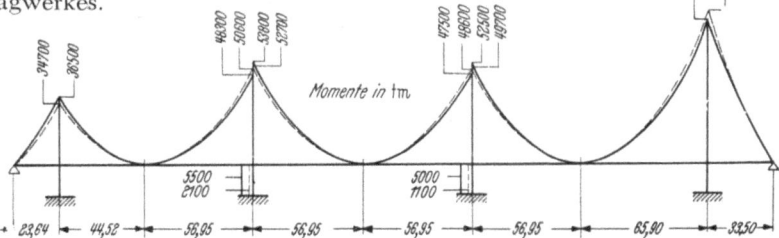

Abb. 6. Verlauf der Biegemomente der Hauptträger.

Denkt man sich zu einem beliebigen Zeitpunkt t_2 das Gelenk gelöst, so muß wegen der Verträglichkeit der Formänderungen der differentielle Zuwachs der Verschiebungen der beiden Schnittufer verschwinden.

Der Träger 1 senkt sich an der Gelenkstelle um

$$\delta_{ag,1} \cdot d\bar\varphi_1(t_2) + \delta_{aa,1} \cdot [X_a(t_2) \cdot d\bar\varphi_1(t_2) + dX_a(t_2)]$$

und der Träger 2 um

$$\delta_{ag,2} \cdot d\bar\varphi_2(t_2) + \delta_{aa,2} \cdot [X_a(t_2) \cdot d\bar\varphi_2(t_2) + dX_a(t_2)].$$

Mit $\quad \delta_{aa} = \delta_{aa,1} + \delta_{aa,2}; \quad \varrho = \dfrac{\varkappa \cdot \delta_{aa,1} + \delta_{aa,2}}{\delta_{aa}}$

und $X_a^\circ = - \dfrac{\varkappa \cdot \delta_{ag,1} + \delta_{ag,2}}{\delta_{aa}}$

folgt aus der Nullsetzung der Summe beider Verschiebungen die Differentialgleichung für die Gelenkkraft $X_a(t_2)$:

$$\frac{dX_a(t_2)}{d\overline{\varphi}_2} + \varrho \cdot X_a(t_2) - X_{a_1}^\circ = 0.$$

Mit der Anfangsbedingung $t_2 = t_{2k}$

$$\overline{\varphi}_2 = \varphi_\infty - \varphi_2(t_{2k}),$$

ergibt sich als Lösung:

$$X_{a(\infty)} = (1 - \lambda \cdot e^{-\varrho \varphi_\infty}) \cdot X_a^\circ,$$

worin $\lambda = e^{\varrho \varphi_2(t_{2k})}$ ist.

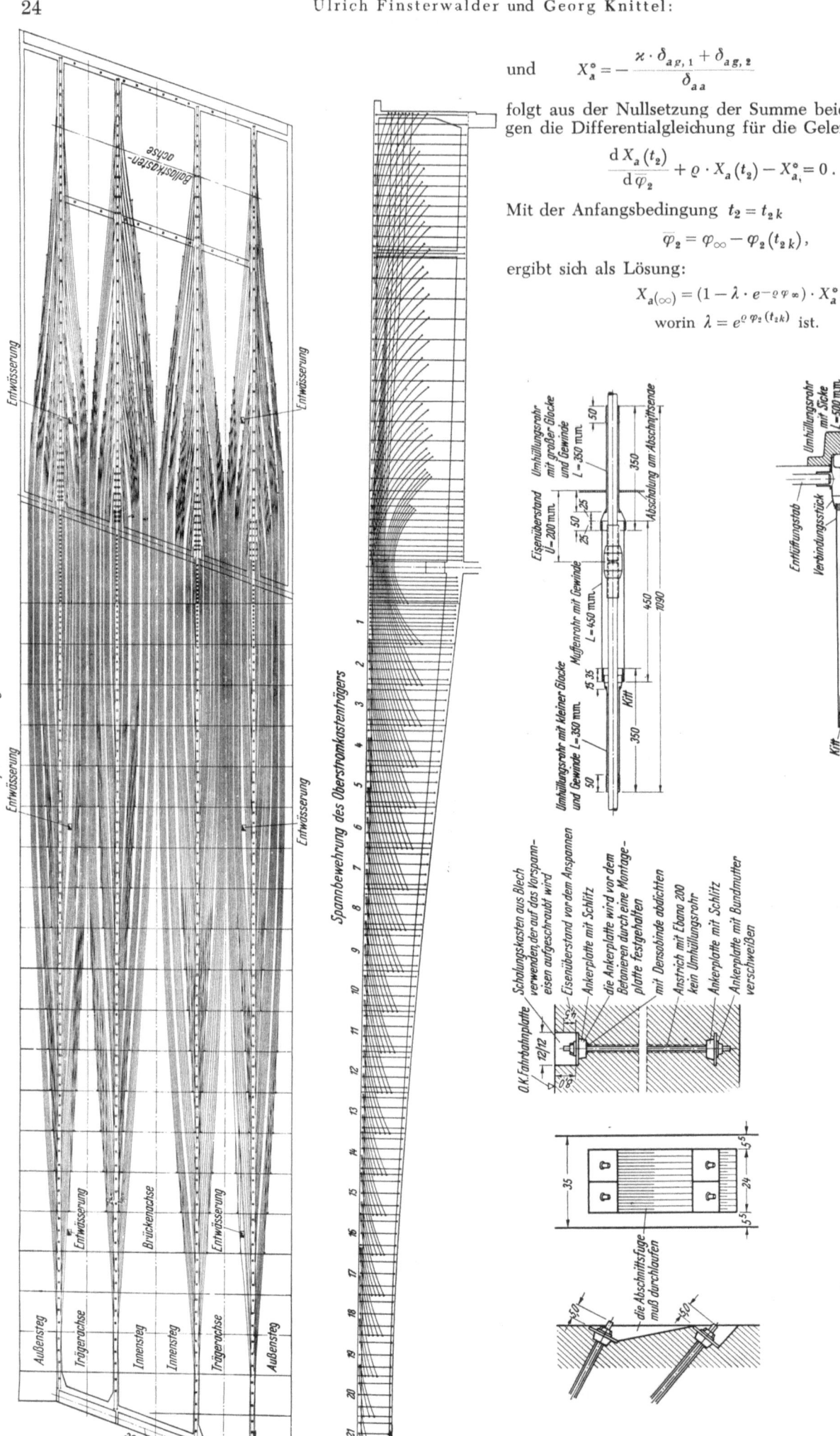

Abb. 7. Übersicht der Spannbewehrung des Koblenzer Seitenträgers und Einzelheiten der Muffenstöße.

Das bedeutet, daß sich nach Beendigung des Kriechvorganges eine Gelenkquerkraft einstellen wird, die einen Bruchteil derjenigen beträgt, die sich eingestellt hätte, wenn beispielsweise das Tragwerk auf einem Lehrgerüst in einem Zuge hergestellt und auch in einem Zuge ausgerüstet worden wäre. Der Beiwert ϱ gibt die Phasenverschiebung an, der Beiwert λ ist ein Maß für die Kriechverformungen, die bereits vor dem Gelenkeinbau eingetreten und auf die Querkraft ohne Einfluß sind.

Abb. 6 zeigt den Momentenverlauf des Überbaues infolge ständiger Last. Darin gilt die gestrichelte Linie für den Zustand vor dem Kriechen, die volle Linie für den Zustand nach Beendigung des Kriechens. Das größte Moment wirkt an der Einspannstelle des Koblenzer Seitenträgers und beträgt 76 100 tm. Nach dem Kriechen stützt sich dieser Träger im Gelenk mit einer Querkraft von 50 t auf den gegenüberliegenden Träger ab.

Die Grenzwerte der Momente infolge Verkehrsbelastung wurden aus Einflußlinien gewonnen, die in bekannter Weise als Biegelinien des $(n-1)$-fach statisch unbestimmten Systems errechnet wurden.

Die Anordnung und Führung der Spannbewehrung sowie konstruktive Einzelheiten sind bei allen Überbauteilen gleich. Sie sollen am Beispiel des Seitenträgers der Koblenzer Öffnung besprochen werden, der wegen der größten Kraglänge am stärksten beansprucht und bewehrt ist.

Der Koblenzer Seitenträger wurde in 21 Bauabschnitten zu je 3 m Länge in freiem Vorbau hergestellt, während die Trägeransätze und der Ausleger auf üblicher Rüstung betoniert wurden. Zur Aufnahme des Biegemomentes von 76 100 tm ist der Träger an der Einspannstelle über der Stützwand mit 760 Spannstäben $\varnothing$ 26 mm aus St 60/90 vorgespannt. Abb. 7 gibt die Gesamtanordnung der Spannbewehrung im Längenschnitt und Grundriß eines Hohlkastens wieder. Die Stränge verlaufen im Aufriß in der allgemeinen Richtung der Hauptzugspannungstrajektorien. Im Grundriß führen die Stränge, die im Bereich der Einspannstelle gleichmäßig über die Biegezugzone verteilt sind, zu den vier Tragwänden hin. Dort werden die jeweils untersten Lagen verankert. In Abb. 7 ist bei den einzelnen Bauabschnitten die jeweils vorhandene Gesamtzahl der Stränge und die Anzahl der je Abschnitt verankerten angegeben. Die Zahlen beziehen sich auf einen Hohlkasten, also auf die halbe Breite der Brücke. Mit der Fertigstellung eines Bauabschnittes werden jeweils $2 \cdot 16 = 32$ Stränge angespannt. Ihre Anzahl ist so bemessen, daß die abschnittsweise Zunahme der Vorspannung dem jeweiligen Momentenzuwachs entspricht. Alle übrigen, erst in späteren Bauabschnitten zu verankernden Stäbe werden längsbeweglich in Blechröhrchen weitergeführt. Am Ende eines jeden Bauabschnittes wird die Hälfte der Stränge mit Muffen gestoßen. Alle Stränge sind aus Einzelstäben von je 6 m Länge zusammengesetzt. Die Endstücke sind um ein geringes Maß länger, da sie schräg nach unten geführt und in den Wänden verankert werden.

Einen Überblick über die Verteilung der Spannbewehrung über den Querschnitt des ersten Vorbauabschnittes gibt Abb. 8. Die Stränge sind in der Fahrbahnplatte in drei Lagen verlegt und in einzelne Pakete aufgeteilt. Dazwischen sind Rüttelschlitze von 10 bis 17 cm Breite freigelassen.

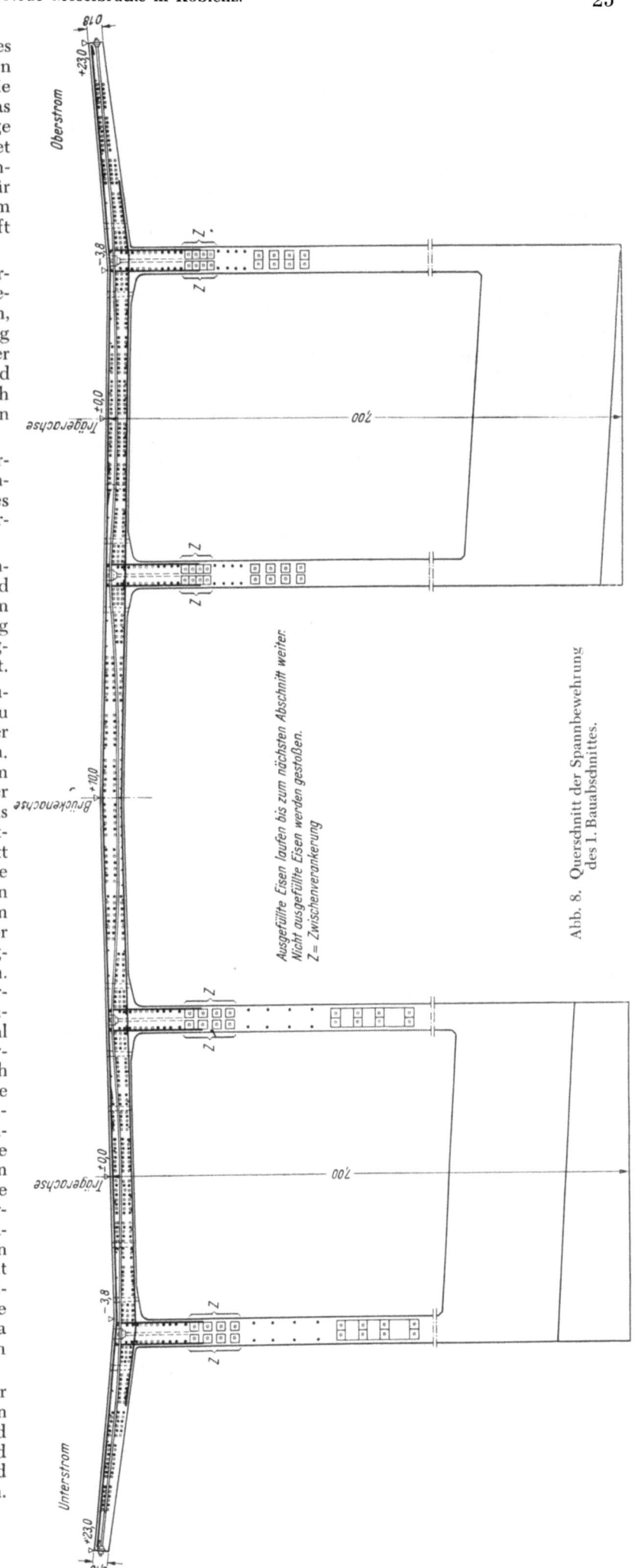

Abb. 8. Querschnitt der Spannbewehrung des I. Bauabschnittes.

Der Rest der Bewehrung ist in 2 Reihen in den 4 Tragwänden untergebracht. Die in der Querrichtung eingebaute Spannbewehrung der Platte liegt teils über, teils unter den Längssträngen, da sie dem Verlauf der Plattenbiegemomente angepaßt sein muß. Abb. 9 gibt eine Übersicht über den Einbau der Spannbewehrung des Lützeler Auslegers.

Neben der längs und quer vorgespannten Bewehrung ist in den 4 Tragwänden zur Aufnahme der Querkräfte eine Spannbewehrung in lotrechter Richtung eingelegt, gewissermaßen eine vorgespannte Bügelbewehrung. Die Abstände der lotrechten Spannstäbe betragen entsprechend der Größe der Querkraft neben der Stützwand 30 cm und nehmen bis zum Trägerende auf 90 cm zu. Im übrigen sind die Wände innen und außen mit Baustahlgewebe 7 · 7 · 250 · 300 bewehrt. Die Mattenbreite von 2,65 m entspricht der Abschnittslänge von 3 m. In der Länge wurden die Matten einbaufertig vom Werk, nach der veränderlichen Trägerhöhe abgestuft, geliefert.

Durch die Vorspannung der 760 Stränge mit $\sigma_{zv} = 4220$ kg/cm² wird im Einspannquerschnitt eine ausmittig wirkende Druckkraft von 17 000 t erzeugt, die infolge des Kriechens und Schwindens entsprechend einem errechneten Spannungsverlust von 750 kg/cm² auf einen Betrag von 14 000 t zurückgehen wird. Als Endkriechzahl wurde $\varphi_\infty = 2$ gewählt, als Endschwindmaß $\varepsilon_s = -15 \cdot 10^{-5}$.

Es ergeben sich somit in diesem Querschnitt folgende Spannungen:

Lastfall	σ_{bo} kg/cm²	σ_{bu} kg/cm²	σ_z kg/cm²
Ständige Last und Vorspannung vor dem Kriechen und Schwinden	− 38	− 99	+ 4920
Ständige Last und Vorspannung nach dem Kriechen und Schwinden	− 13	− 104	+ 4170
Ständige Last und Vorspannung nach dem Kriechen und Schwinden und volle Verkehrslast in ungünstigster Stellung	+ 16	− 131	+ 4310

Die nach DIN 4227 ermittelte Bruchsicherheit beträgt 1,77.

Die größte Querkraft im selben Querschnitt beträgt im Bruchzustand $Q_B = 1{,}75 \cdot 1620 = 2840$ t. Ihr entgegen wirkt die lotrechte Komponente der Biegedruckkraft in einer Größe von − 1280 t. Daraus ergibt sich in der Nullinie nach Zustand II die Schubspannung $\tau_{oB} = 35$ kg/cm². Im Verein mit der durch die lotrechte Vorspannung der Wände erzeugten Druckspannung von 25 kg/cm² wird die Hauptzugspannung im Bruchzustand auf 25 kg/cm² reduziert. In den übrigen Querschnitten beteiligt sich an der Aufnahme der Querkräfte überdies die Längsspannbewehrung mit den lotrechten Komponenten der schräg wirkenden Vorspannkraft.

Fahrbahnplatte.

Beim freien Vorbau ist es von großem Vorteil, wenn die Vorbaugerüste ohne Behinderung durch Querträger von einem Bauabschnitt zum anderen vorgefahren werden können. Es wurden deshalb Querträger nur an den Gelenkstellen vorgesehen. Wegen der fehlenden Zwischenquerträger war eine besondere Untersuchung zur Klärung der Frage notwendig, wie die quer über die beiden Hohlkasten gespannte Fahrbahnplatte beansprucht wird, wenn die Verkehrslast einseitig über einem Hauptträger steht und infolge der elastischen Nachgiebigkeit dieses Trägers ein Teil der Belastung durch die Platte hindurch in den nicht unmittelbar belasteten Hauptträger abwandert.

Die strenge Lösung dieser Frage wurde von Beck [3], angeregt durch die Untersuchungen anläßlich des Wiederaufbaues der Rheinbrücke in Worms, angegeben.

Man denkt sich die Platte längs der Brückenachse aufgeschnitten und erhält die in dieser Fuge längs x veränderliche Plattenquerkraft $X(x)$ aus einer Differentialgleichung

Abb. 9. Einbau der Spannbewehrung des Lützeler Auslegers.

4. Ordnung, die ähnlich gebaut ist wie die des elastisch gebetteten Balkens. Die Plattenquerkraft $X(x)$ ist der vom belasteten zum unbelasteten Träger abwandernde Lastanteil. Im Falle der Moselbrücke Koblenz mit Hohlkastenquerschnitten großer Torsionssteifigkeit zeigt sich, daß auch bei einseitig stehender Last an der Einspannstelle beider Träger nahezu die gleichen Momente auftreten, wie sie sich bei symmetrischer Laststellung ergäben, d. h. daß die Platte in Verbindung mit dem Mittelquerträger einseitig stehende Lasten beinahe gleichmäßig über die Breite verteilt.

In Abb. 10 ist der Verlauf von $X(x)$ über dem Mittelträger dargestellt.

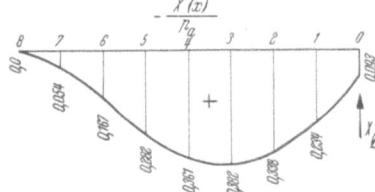

Abb. 10. Verlauf der Plattenquerkraft $X(x)$ längs des Trägers.

Die Biegemomente der Platte infolge ständiger Last sind unter der Annahme einer starr gestützten durchlaufenden Platte ermittelt, die Biegemomente infolge Verkehrslast unter Verwendung der Tafeln in Heft 106 des D. A. f. St. Die Grenzlinie der Biegemomente der Fahrbahnplatte infolge ständiger Last und Verkehrslast zeigt Abb. 11. Hinzu kommen noch die Momente infolge von $X(x)$, die längs des Trägers veränderlich sind.

Die Platte ist mit 3 ϕ 26 mm aus St 60/90 bewehrt. Die Bewehrung wird mit $\sigma_{zv} = 4770$ kg/cm² vorgespannt. Infolge des Kriechens und Schwindens entsteht ein Spannungsverlust in einer Höhe von 450 bis 550 kg/cm². Die Tafel gibt die Spannungen im Gebrauchszustand für den Querschnitt über der inneren Tragwand und im Mittelfeld an:

Lastfall	über der Innenwand		im Mittelfeld	
	σ_{bo} kg/cm²	σ_{bu} kg/cm²	σ_{bo} kg/cm²	σ_{bu} kg/cm²
$g+v$	—37	—3	—8	—43
$g+v+\varphi$	—33	—3	—8	—38
$g+v+\varphi+p$	—	—	—67	+20
$g+v+\varphi-p$	+9	—46	+17	—62

Oberseite der Platte ist ein quadratisches Netz von 3 I ϕ 8 mm verlegt.

Die Bodenplatte des Hohlkastens bildet mit den beiden Seitenwänden und mit der Fahrbahnplatte einen geschlossenen Rahmen und ist zugleich Druckgurt des Hauptträgers. Im Bauzustand wird die Platte außer durch ihr

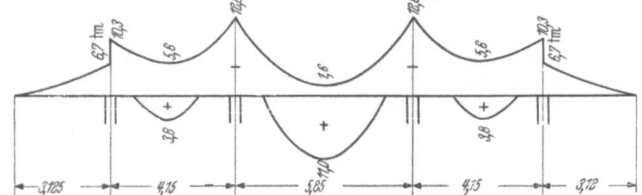

Abb. 11. Biegemomentengrenzlinie der Fahrbahnplatte.

Eigengewicht noch durch Nutzlasten beansprucht, die sich durch die Aufstellung einer inneren Rüstung ergeben. Die Bodenplatte wurde in Verbindung mit den Seitenwänden als elastisch eingespannter Rahmen mit längs der Hauptträgerachse veränderlichen Steifigkeitsverhältnissen untersucht. In der Nachbarschaft der Pfeiler wirkt die Platte

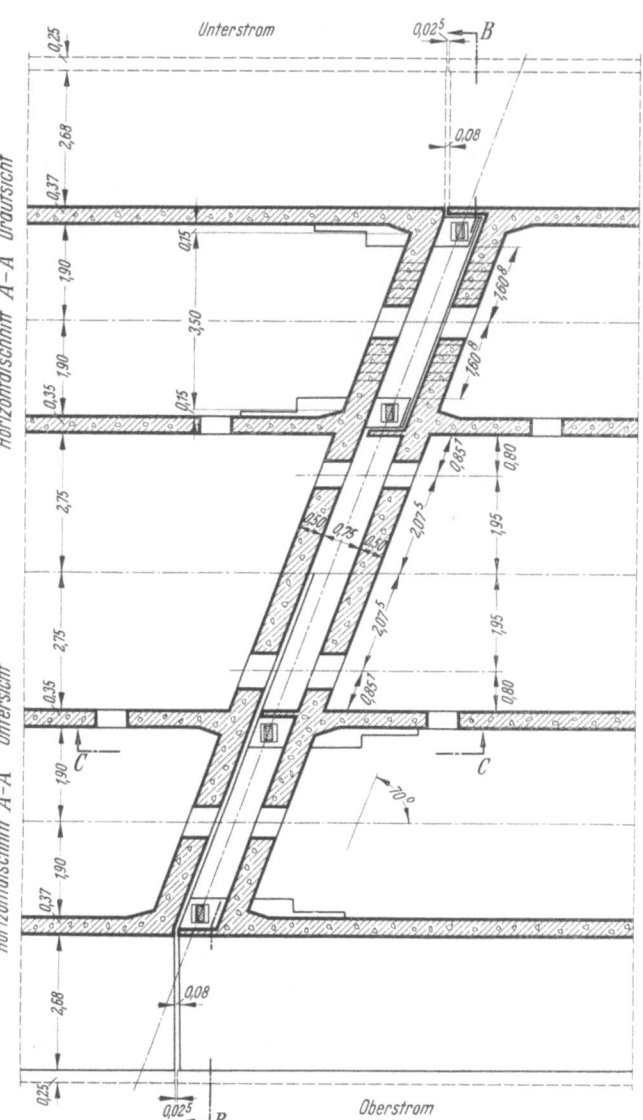

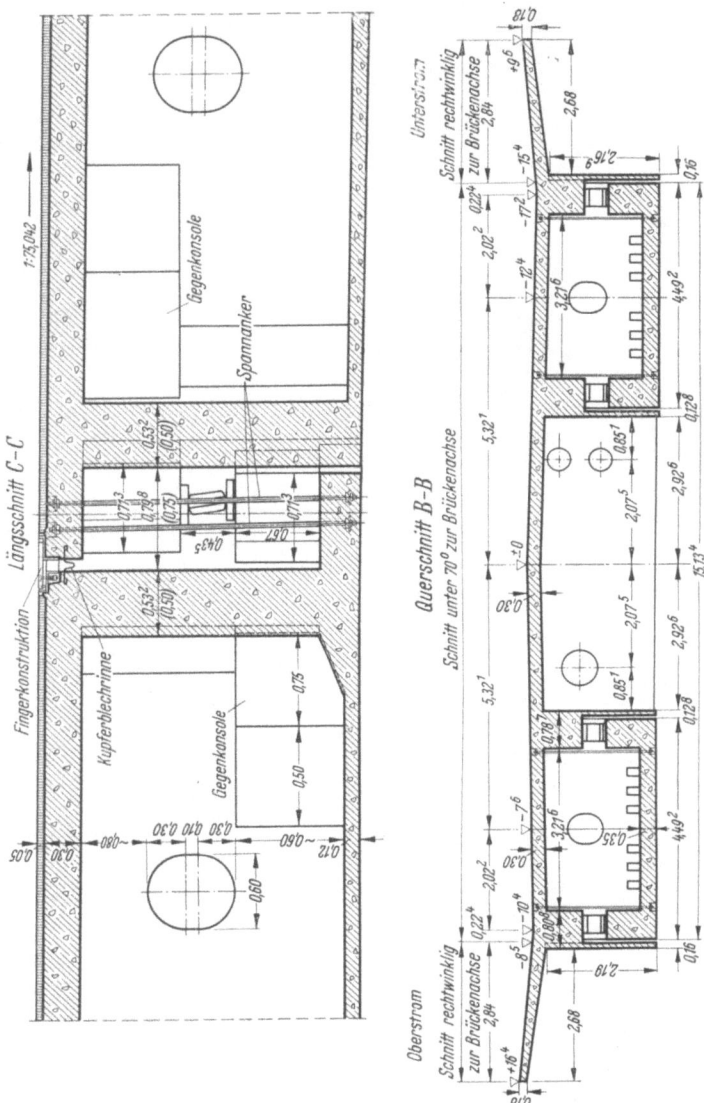

Abb. 12. Mittelquerträger und Gelenkkonsolen.

Neben der Spannbewehrung ist in der Platte schlaffe Bewehrung eingebaut.

Zur Aufnahme der Längsbiegemomente aus den Radlasten ist an der Plattenunterseite eine Bewehrung von II ϕ 12 vorhanden, außerdem zur Deckung der Querbiegezugspannungen auf den lfdm der Platte 6 II ϕ 10. An der

nahezu frei aufliegend, während sie am Trägerende in den Wänden beinahe voll eingespannt ist.

Wegen der Bogenform der Hauptträgerunterkante wird entsprechend dem jeweiligen Krümmungsradius r ein Teil der Last gemäß $p = D/r$ mit D als Biegedruckkraft getragen.

Mittelgelenke.

Zur Übertragung von Querkräften von einem Träger zum gegenüberliegenden sind in den Mitten der drei Öffnungen Pendellager angeordnet. Jedes der drei Gelenke besteht aus 4 Pendeln aus Gußstahl GS 52.1 mit 300 mm Rollendurchmesser. Die durch die Gelenke miteinander verbundenen Träger haben an ihren Enden Konsolen, zwischen die die Pendellager eingesetzt werden.

Infolge der veränderlichen Verkehrsbelastung treten im Gelenk Querkräfte mit wechselndem Vorzeichen auf. Das bedeutet, daß in einem Falle das Lager unter Druck steht, während es im anderen Falle auf Zug beansprucht wird. Da das Lager jedoch Zugkräfte ohne besondere Vorkehrungen nicht aufzunehmen vermag, wurde es durch Spannanker (2 St 60/90 je Pendel) vorgespannt. Die Spannanker befinden sich, wie aus Abb. 12 ersichtlich ist, seitlich der Gelenkkonsolen und sind vom Hohlträger aus frei zugänglich. Sie werden zum Schutz gegen Rosten mit Bitumen gestrichen. Die Spannkraft der Anker ist so bemessen, daß auch bei ungünstigster Querkraft noch eine Druckspannung aufgestellt, so wird rd. $1/3$ der Last auf den gegenüberliegenden Arm übertragen, während die restlichen $2/3$, d. s. 40 t, einseitig über dem einen Hohlkasten wirken. Unter der Annahme, daß der Querträger starr sei, fließt die Hälfte dieser einseitigen Last, d. s. 20 t, als Querkraft auf den unbelasteten Hauptträger über. Demnach beträgt der Grenzwert des Querträgerbiegemomentes max. $M_Q = \pm \varphi \cdot P \cdot l/4 = \pm 1,4 \cdot 40 \cdot 5,85/4 = \pm 82$ tm.

Zur Aufnahme dieses Biegemomentes dient eine symmetrisch oben und unten angeordnete Spannbewehrung von je 4 Φ 26 aus St 60/90. In der Abb. 13 ist die Bewehrung des Querträgers dargestellt.

Entwässerung und Versorgungsleitungen.

Die Fahrbahn und die Rad- und Gehwege werden mit einem Quergefälle von 2 % bzw. 1,5 % nach den Bordsteinen hin entwässert. Das Niederschlagswasser, das sich in der Rinne neben dem Bordstein sammelt, wird entsprechend dem Längsgefälle der Brücke (1 : 75) in die etwa alle 30 m angeordneten Einlaufkasten abgeführt. Es

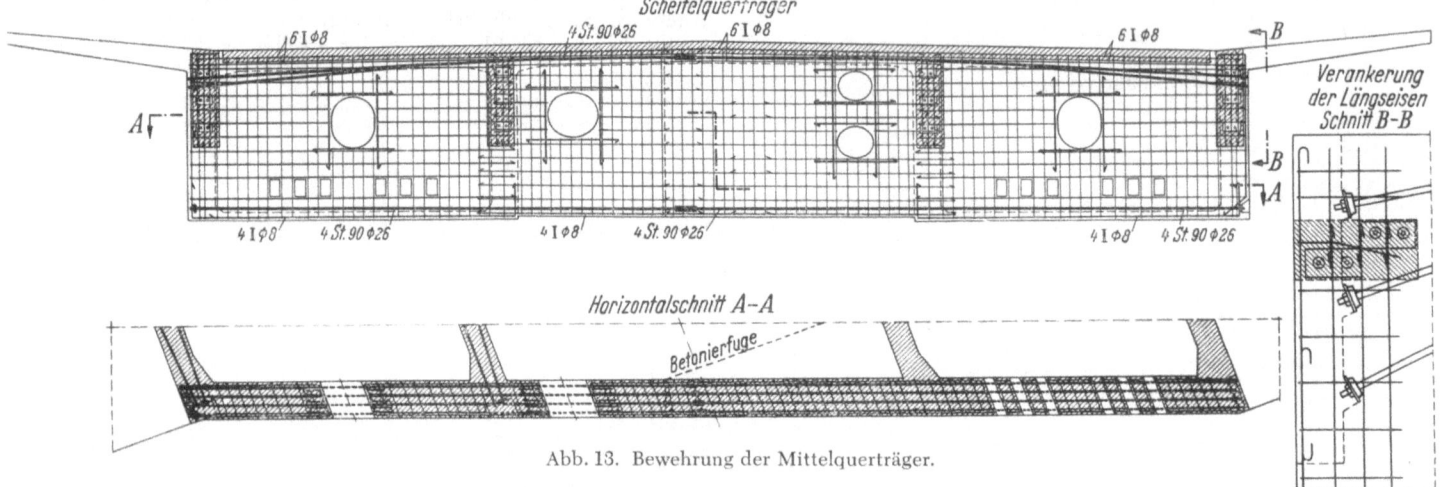

Abb. 13. Bewehrung der Mittelquerträger.

zwischen Pendel und Lagerplatte vorhanden ist. Wegen der geringen Dehnsteifigkeit der Anker im Vergleich zum System Pendel + Konsolen drückt sich eine Änderung der Querkraft nur in geringen Spannungsschwankungen der Anker aus. Die größte auf ein Pendel entfallende äußere Querkraft beträgt 38 t. Hinzu kommt die Spannkraft zweier Anker mit 53 t, so daß der größte Druck im Pendel 90 t beträgt. Durch die gegenseitigen Längsverschiebungen der miteinander gekoppelten Träger infolge der Temperaturänderungen und infolge des Schwindens und Kriechens rollt das Pendel auf den beiden Lagerplatten ab und die Anker stellen sich schräg. Sie werden, da der lotrechte Abstand der Konsolen unverändert bleibt, gedehnt. Bei einer errechneten größten Längsverschiebung von 3 cm entspricht dieser Dehnung eine Zusatzspannung im Anker von rd. 700 kg/cm², d. i. etwa $1/6$ der Vorspannung der Anker.

Die Konsolen sind ebenfalls durch eine vorgespannte Bewehrung mit den Tragwänden verbunden und werden nur gering beansprucht.

Mittelquerträger.

Die Mittelquerträger haben die Aufgabe, die Hauptträger des Überbaues auszusteifen und einseitig in ihrer Nähe stehende Lasten auf beide Hauptträger zu verteilen. Sie sind 2,24 m hoch und 50 cm dick und auch unter 70° gegen die Brückenachse geneigt. Zur Durchführung der Leitungen und zum Durchtritt von einem Träger in den gegenüberliegenden sind die Querträger mit Öffnungen versehen.

Am ungünstigsten wird der Querträger des linken Armes der Lützeler Öffnung beansprucht. Denkt man sich den 60 t-Schwerlastwagen im Gelenk der Lützeler Öffnung

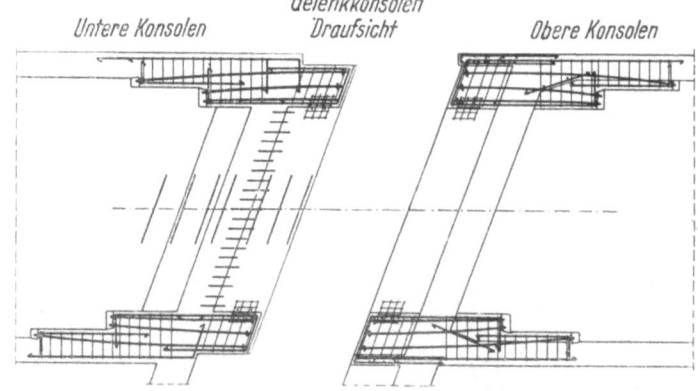

wurden Brückenentwässerungen Passavant Nr. 4908 vorgesehen, von denen aus das Wasser in Zinkblechrinnen mit 300 · 400 mm² Querschnitt und 2 % Längsgefälle zu den Pfeilern und Stützwänden abfließt. An diesen Stellen münden die Rinnen in Kasten ein, aus denen Steinzeugrohre mit 200 mm Durchmesser nach unten führen. Für den Fall, daß die Rinnen verschmutzt sein sollten und das Wasser überlaufen sollte, ist am Pfeileranschnitt im Boden des Hohlkastenträgers ein Überlaufrohr mit 100 mm Durchmesser eingebaut.

An Versorgungsleitungen sind vorgesehen:
2 Wasserleitungen mit 300 und 600 mm Durchmesser und 1 Gasleitung mit 300 mm Durchmesser, ferner Stark- und Schwachstromleitungen der KEVAG und der Post.

Die Wasser- und Gasleitungen sind in dem Hohlraum zwischen den beiden Kastenträgern untergebracht. In den Pfeilerwänden und in den Mittelquerträgern sind die entsprechenden Öffnungen hierfür ausgespart. Die Leitungen sind pendelnd an der Fahrbahnplatte mit Ankerschienen aufgehängt. Sie sind über einen Kontrollsteg zugänglich, der an den inneren Wänden des Kastenträgers befestigt ist.

Die Stark- und Schwachstromkabel sind in je einem Kastenträger auf dem Boden verlegt und infolgedessen leicht zu überwachen.

Die neuen Uferpfeiler.

An den beiden Enden der Hauptbrücke stützen sich die Träger des Überbaues auf neu gegründete Stützwände ab. Diese stehen auf in der Querrichtung vorgespannten Stahlbetongrundplatten. Die Grundplatten liegen mit ihrer Unterkante rd. 3—4 m unter Gelände und übertragen ihre Lasten über einen Rost aus Franki-Pfählen auf den rd. 10 m tiefer liegenden Fels.

Ursprünglich war eine Brunnengründung geplant. Nach Beseitigung der Trümmer des linken Widerlagers der früheren Brücke zeigte es sich jedoch, daß eine Brunnengründung unzweckmäßig wäre, da im Baugrund zurückgebliebene Trümmer von früher und im Boden belassene Pfahljoche vom Bau der ersten Brücke das Absenken der Brunnen erschwert hätten. Aus dem gleichen Grunde wurde auch auf der Koblenzer Seite die Pfahlgründung der Brunnengründung vorgezogen.

Zur Übertragung der Stützkräfte — links 5400 t, rechts 8250 t — auf den tragfähigen Fels sind 42 bzw. 63 Franki-Pfähle mit 50 cm $\varnothing$ geschlagen worden. Die mittlere Belastung eines Rammpfahles beträgt 130 t und wächst unter dem Einfluß der Verkehrslasten bis auf max. 165 t an.

Die Grundplatten, die die Stützkräfte aus der Wand auf die Pfähle verteilen, haben ihre Abmessungen links 5,20/23,20 und rechts 7,00/23,20. Ihre Dicke beträgt 2,50 m. Sie sind in der Querrichtung mit Rundstäben aus St 60/90 vorgespannt, links mit 6 $\varnothing$ 26 mm, rechts mit 9 $\varnothing$ 26 mm je lfdm der Platte.

Die Stützwände sind zur Brückenachse ebenfalls unter 70° geneigt und, in der Schrägen gemessen, 21,18 m breit. Bei einer Höhe von 14,60 m — gemessen von OK der Grundplatte bis UK der Fahrbahnplatte — ist die Lützeler Wand nur 70 cm dick. Die entsprechenden Maße der Koblenzer Wand sind 11,50 m Höhe und 80 cm Dicke.

Die Stützwände bilden zusammen mit den Auslegern einhüftige Rahmen. Wegen des großen Unterschiedes der Biegesteifigkeit des Auslegers und der Wand wirkt diese für das gesamte System als Druckpendel. Dagegen waren die aus der Rahmenwirkung entstehenden Biegemomente bei der Bemessung der Stützwand zu berücksichtigen. Die größten Eckspannungen der Wand unter Einschluß der seitlichen Windlasten betragen für die Lützeler Wand 95 kg/cm² Druck und für die Koblenzer Stützwand 115 kg/cm². Beide Wände sind mit rd. 1 % des statisch erforderlichen Querschnittes bewehrt, d. s. links 124 II $\varnothing$ 22 und rechts 122 II $\varnothing$ 26.

Einer besonderen Untersuchung bedurfte die konzentrierte Einleitung der Lasten des Überbaues durch die beiden kastenförmigen Träger von je 4,50 m Breite. Es handelt sich hierbei um eine Scheibenaufgabe, die angenähert in der Weise gelöst wurde, daß aus den streifenförmig angreifenden Überbaulasten und den über die ganze Wandlänge gleichmäßig wirkenden Gegenkräften der Grundplatte die Momente und Querkräfte der Wand ermittelt wurden. Sodann wurde mit dem dem Seitenverhältnis entsprechenden Hebelarm der inneren Kräfte die erforderliche Querzugbewehrung der Wand bestimmt und über die Höhe der Zugzone entsprechend dem Spannungsdiagramm der Scheibe verteilt. Abb. 14 zeigt die Bewehrung der Lützeler Stützwand.

Land- und Strompfeiler.

Beide Pfeiler stehen auf den erhalten gebliebenen Senkkasten der zerstörten Brücke. Obwohl die neue Brücke 2 m breiter ist als die frühere und die Pfeilervorköpfe beiderseits um 6,22 m über den Senkkasten hinausragen, war es ohne weiteres möglich, die alte Gründung zu benutzen. Die Bodenpressungen unter dem Senkkasten sind gegenüber dem früheren Zustand günstiger geworden, da die Brücke insgesamt leichter ist und die Horizontalschübe weggefallen sind.

Um eine gleichmäßige Beanspruchung des Pfeiler-Senkkastens zu erreichen, wurde über diesem eine lastverteilende Stahlbetonplatte von 1,10 m Dicke angeordnet. Während des Abbruches der Pfeilerreste des Strompfeilers stellte sich heraus, daß die Zerstörungen hier bis in den oberen Teil des Senkkastens hineinreichten. Es wurde deshalb

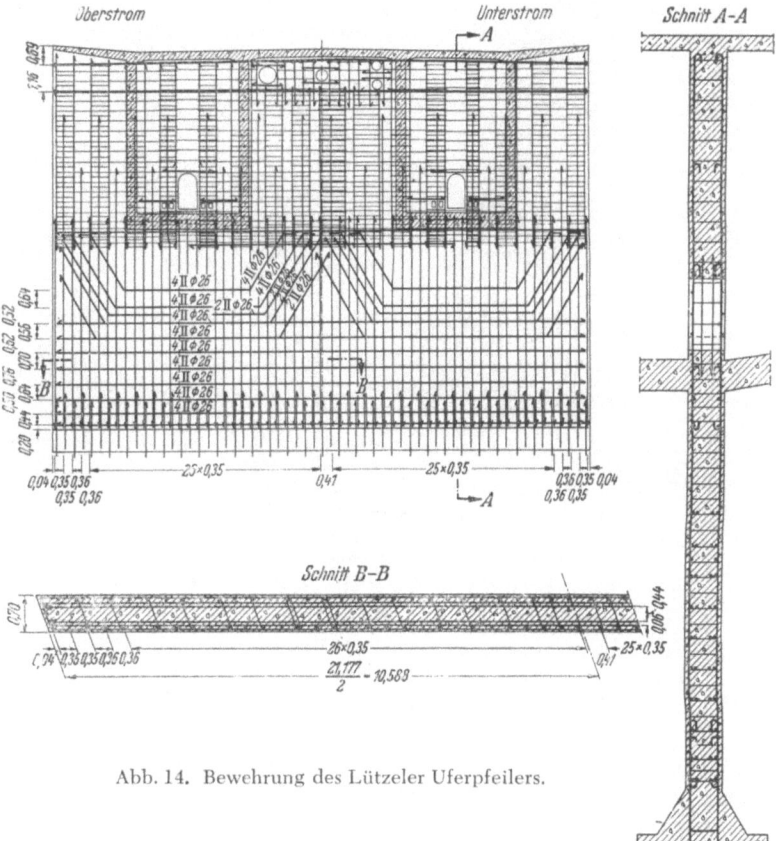

Abb. 14. Bewehrung des Lützeler Uferpfeilers.

eine 2 m dicke Stahlbetonhaube auf den Senkkasten aufgesetzt, die ihn allseitig umfaßt und zusammenhält (Abb. 15).

Die aufgehenden Pfeiler sind, ebenso wie der Überbau, als Hohlkasten konstruiert. Die Dicke der Stahlbetonwände beträgt 60 cm. Unter den 4 Tragwänden des Überbaues sind zur Aussteifung des Pfeilers 70 cm dicke Querwände eingezogen. Die Wände sind innen und außen mit einem Rundstahlnetz aus II $\varnothing$ 10 bewehrt.

Auf Verlangen der Wasserstraßenverwaltung sind die Pfeilervorköpfe spitzbogenförmig und bis zur Kote 61,50 massiv ausgebildet.

Die lotrechte Belastung eines Pfeilers aus ständiger Last und Verkehrslast beträgt rd. 4500 t. Die Biegemomente infolge einseitiger Stellung der Verkehrslasten betragen beim Landpfeiler 11 500 tm, beim Strompfeiler infolge der größeren Gelenkquerkraft in der rechten Öffnung 13 200 tm.

Aus diesen Kräften entstehen im Querschnitt des Pfeilers unmittelbar unter dem Hohlkasten, also an einer Stelle, an der sich die Auflagerkräfte noch nicht in die Wand ausgebreitet haben, bei der Rechnung nach Zustand I, die Betonspannungen

$$_{b\,min}\sigma = -68{,}7 \text{ kg/cm}^2,$$
$$_{b\,max}\sigma = +21{,}5 \text{ kg/cm}^2.$$

Zur Aufnahme der Betonzugspannungen ist in den Außenwänden der Pfeiler eine Spannbewehrung in lotrechter Richtung eingelegt, nämlich 80 $\varnothing$ 26 beim Landpfeiler und 114 $\varnothing$ 26 beim Strompfeiler.

beim Strompfeiler:

Lastfall	$max\,\sigma$ kg/cm²	$min\,\sigma$ kg/cm²
Ständige Last	— 4,8	— 3,8
Ständige Last + Verkehrslast in ungünstigster Stellung	— 8,0	— 2,0
Im Bauzustand, wenn einseitig 2 Bauabschnitte betoniert sind und der Vorbauwagen der 2. Seite noch nicht aufgestellt ist	— 3,8	— 1,4

Die Bodenpressungen wurden für zwei verschiedene Wasserstände, nämlich

M. W. = 60,60,
H. H. W. = 67,47,

ermittelt. Die oben angegebenen Werte beziehen sich auf den Wasserstand M. W. = 60,60.

Überhöhungen.

Eine sorgfältige Untersuchung wurde zur Ermittlung der Überhöhungen der Hauptträger angestellt. Jeder Punkt des Tragwerkes muß um das Maß überhöht werden, um das er sich nach dem Einmessen durch neu hinzukommende Lasten und unter dem Einfluß des Kriechens noch senken wird oder, anders ausgedrückt, die Überhöhung muß gleich sein dem Unterschied zwischen der Durchbiegung aus der gesamten Last einschließlich der zu erwartenden plastischen Formänderungsanteile und der Durchbiegung der während des Einmessens bereits wirksamen Lasten. Bei der zahlenmäßigen Ermittlung der Überhöhungen erwies es sich als zweckmäßig, den zeitlichen Ablauf des Vorbaues in Gedanken umzukehren. Geht man von der endgültigen Höhenlage der Nivellette nach Beendigung des Kriechens aus und denkt man sich die Kriechverformung der Träger wieder rückgängig gemacht, so ergibt sich eine Hebung der Nivellette, die der erforderlichen Überhöhung zum Ausgleich der Kriechdurchbiegungen entspricht. Die gleichen Überlegungen gelten bei der Bestimmung der Überhöhungen infolge der nach Beendigung des freien Vorbaues aufgebrachten Lasten der Brückenaufbauten. Baut man schließlich der Reihe nach in Gedanken die einzelnen Vorbauabschnitte wieder ab und löst deren Spannbewehrung, so läßt sich für jeden dieser Zwischenzustände eine Biegelinie angeben, nach der überhöht werden muß. Am Beispiel der Überhöhungen für die

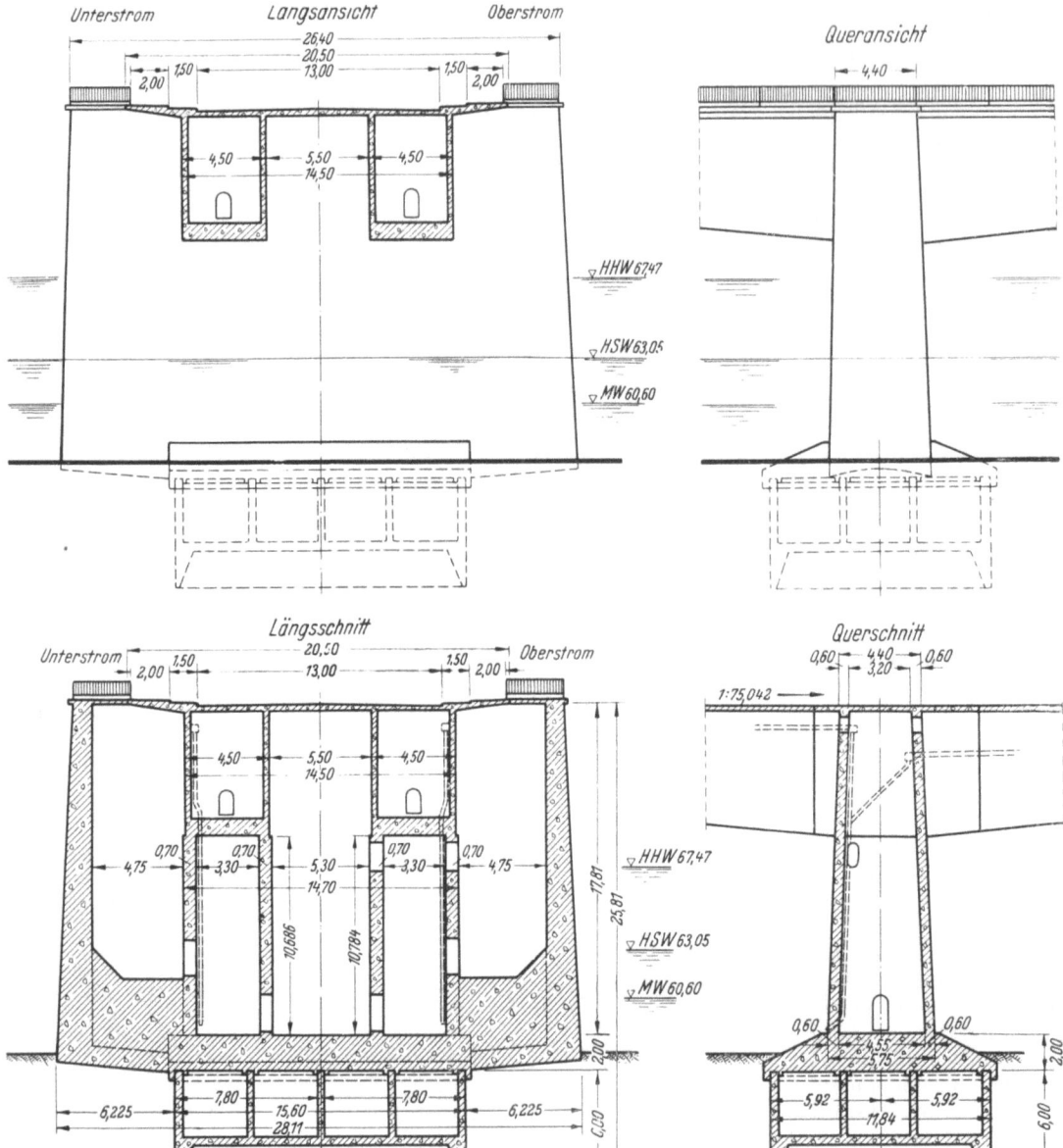

Abb. 15. Strompfeiler.

Die Pressungen in der Bodenfuge betragen beim Landpfeiler:

Lastfall	$max\,\sigma$ kg/cm²	$min\,\sigma$ kg/cm²
Ständige Last	— 5,3	— 4,7
Ständige Last + Verkehrslast in ungünstigster Stellung	— 8,6	— 1,8
Im Bauzustand, wenn einseitig 2 Bauabschnitte betoniert sind und der Vorbauwagen der 2. Seite noch nicht aufgestellt ist	— 4,2	— 2,4

rechte Seitenöffnung möge das Vorgenannte näher erläutert werden.

Es war zu unterscheiden zwischen den Durchbiegungen, die sich nach dem Zusammenbau der Kragträger, also nach dem Schließen der Gelenke ergeben, und denjenigen, die sich schon während des freien Vorbaues einstellen. Die Charakteristiken der beiden zugehörigen Überhöhungslinien sind grundverschieden. Für das endgültige System ergibt sich die Form der Überhöhungskurve nach der üblichen Biegelinie. Abb. 16 zeigt die Überhöhungen zum Ausgleich der Kriechverformungen, der Verformungen infolge der Belastung durch die Fahrbahnaufbauten und der Verformungen, die sich durch das Entfernen des letzten Vorbauwagens im geschlossenen System einstellen. Die Überhöhungslinien für den freien Vorbau setzen sich aus einzelnen Teileinflüssen zusammen, nämlich gemäß Abb. 17 aus

1. der Wirkung des Eigengewichtes des Trägers und Vorspannung,
2. des Kriechens während des Vorbaues,
3. des Einflusses des wandernden Vorbauwagens,
4. der Eigenverformung des Vorbauwagens.

Der Überhöhungsverlauf für das allmählich zur Wirkung kommende Träger-Eigengewicht und die Vorspannung setzt sich aus der Summe von Einzelbiegelinien zusammen, wenn man sich das Gewicht jeder einzelnen Lamelle und die zugehörige Vorspannung an dem gewichtslosen Kragträger wirkend denkt. (Siehe Abb. 18.) Bei der Ermittlung der Überhöhungen für die Belastung der Träger durch die Vorbauwagen ist zu berücksichtigen, daß von den beiden an den Trägerenden einander gegenüberstehenden Vorbauwagen der linke vor dem Schließen des Gelenkes, der rechte dagegen erst nach dem Schließen des Gelenkes abgebaut wurden. Demzufolge wird der linke Träger vor dem Schließen des Gelenkes entlastet, so daß sich das Trägerende, ungehindert durch den Nachbarträger, heben kann. Die Überhöhungskurve des rechten Trägers ergibt sich dagegen aus der Überlagerung von Einzelbiegelinien infolge des gegen die Spitze hin wandernden Vorbauwagens. Die Überhöhung gemäß Abb. 17 gleicht die Durchbiegungen der Stahlkonstruktion des Vorbauwagens aus. Mit abnehmendem Trägergewicht werden diese Werte gegen das Trägerende zu geringer. Die o. a. Werte der Überhöhungen waren für die einzelnen Bauabschnitte zu summieren. Auf diese Weise wurden die für jede Lamelle einzustellenden Höhenkoten gewonnen. Die Größtwerte der Überhöhungen betrugen

in der linken Seitenöffnung rd. 10 cm,
in der Mittelöffnung rd. 12 cm,
in der rechten Seitenöffnung rd. 19 cm.

Zur Kontrolle der Höhenlage der Träger während des freien Vorbaues hat es sich als zweckmäßig erwiesen, die Überhöhungen für die einzelnen Bauabschnitte tabellarisch zusammenzustellen. Es dürfte von Interesse sein, daß durch ungleichmäßige Temperaturänderungen infolge starker Sonneneinstrahlung sich das Trägerende im Laufe eines Tages um 2—3 cm gesenkt und gehoben hat. Darauf war bei der Einstellung der Höhenmaße Rücksicht zu nehmen.

Das Rampenbauwerk in Lützel.

Im Zuge des Wiederaufbaues der Moselbrücke war auch das beschädigte Rampenbauwerk in Lützel wiederherzustellen, auf 20 m zu verbreitern und für die Aufnahme der neuen Regellasten zu verstärken. Das Bauwerk gliedert sich in 4 Bauteile A bis D.

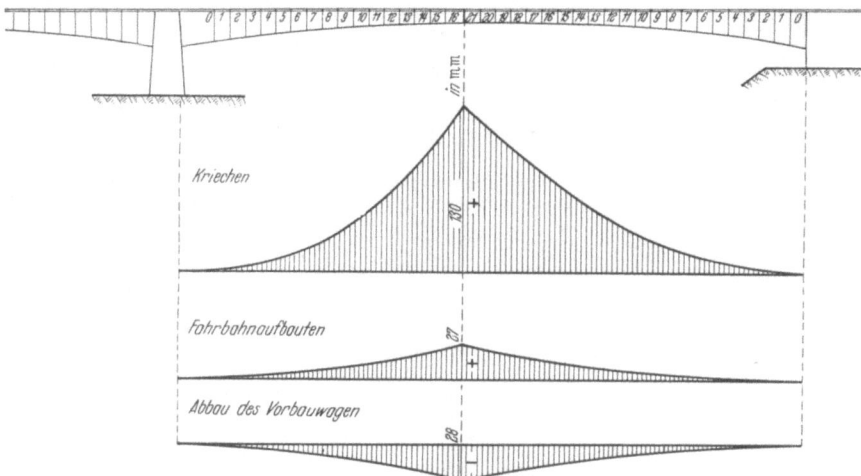

Abb. 16. Überhöhungslinien nach dem Einbau der Gelenke.

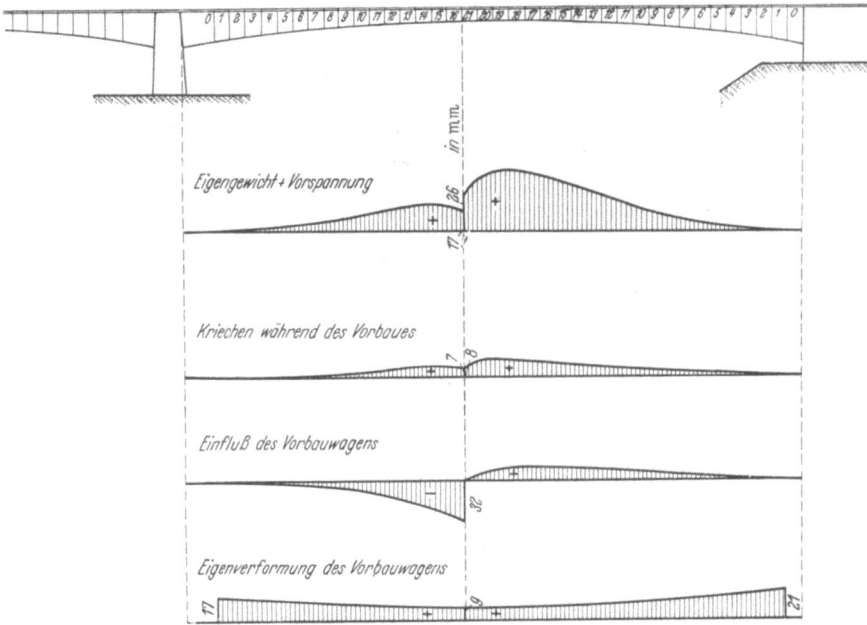

Abb. 17. Überhöhungslinien vor dem Einbau der Gelenke.

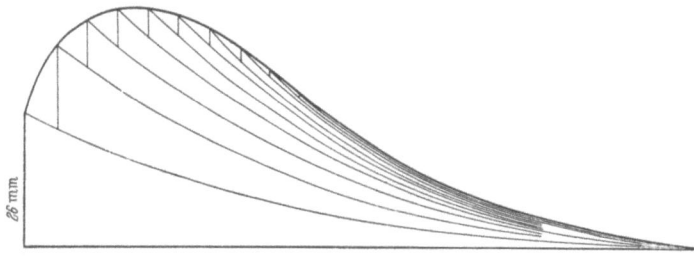

Abb. 18. Hüllkurve der Einzelbiegelinien.

Der Bauteil A, anschließend an den Lützeler Ausleger der Hauptbrücke, ist ebenso wie dieser durch Stahlbetonwände allseitig abgeschlossen und soll in Verbindung mit dem Ausleger wie früher als Trennblock zwischen Haupt- und Rampenbrücke wirken.

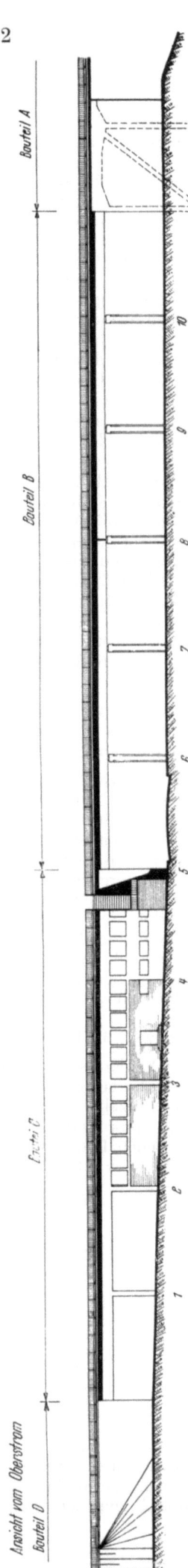
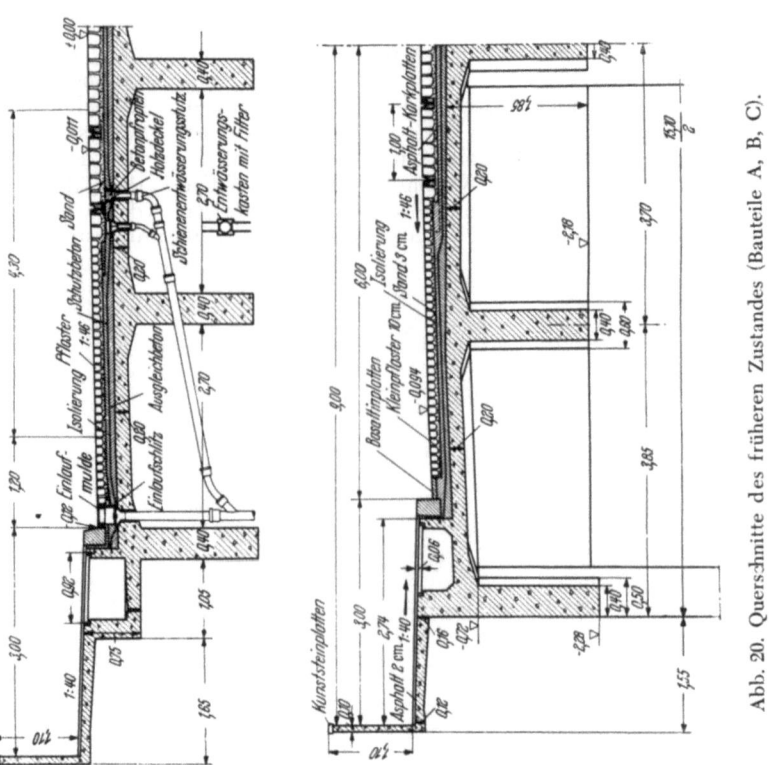

Abb. 20. Querschnitte des früheren Zustandes (Bauteile A, B, C).

Der Bauteil B umfaßt 6 Felder von je 15,60 m Länge zwischen den Stützen 5 und 11, der Bauteil C 5 Felder zu je 15 m Länge zwischen dem Endwiderlager und der Säulenreihe 5. Jenseits des Widerlagers führt die Straße auf dem als Bauteil D bezeichneten Damm zum Langemarckplatz (Abb. 19).

Die Bauteile A, B und C sind als Trägerrostbrücke konstruiert. Der Überbau wird aus 5 Längsträgern gebildet, die über den dreistieligen Querrahmen und zur Erzielung gleicher Durchbiegungen auch in den Feldmitten durch Querträger miteinander verbunden sind. Die Fahrbahnplatte ist in der Querrichtung über die 5 Hauptträger gespannt und hat beiderseits Konsolen zur Aufnahme der Gehwege. Aus architektonischen Gründen hat die Gehwegkonsole des Bauteils B eine Kraglänge von 2,70 m, während die Gehwege der Bauteile A und C nur 1,55 m weit auskragen. Demzufolge beträgt der Hauptträgerabstand bei den Bauteilen A und C 3,70 m, beim Bauteil B dagegen nur 3,10 m. Abb. 20 zeigt die Querschnitte der Bauteile A, B und C.

Die Fahrbahn bestand aus Steinpflaster in Sandbettung, darunter Schutzbeton und Isolierung.

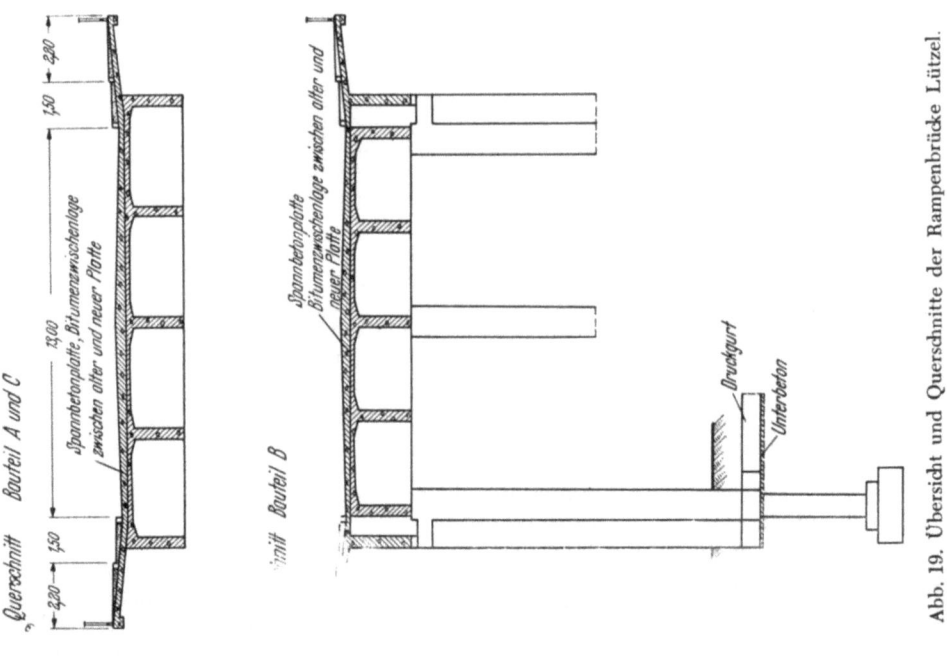

Abb. 19. Übersicht und Querschnitte der Rampenbrücke Lützel.

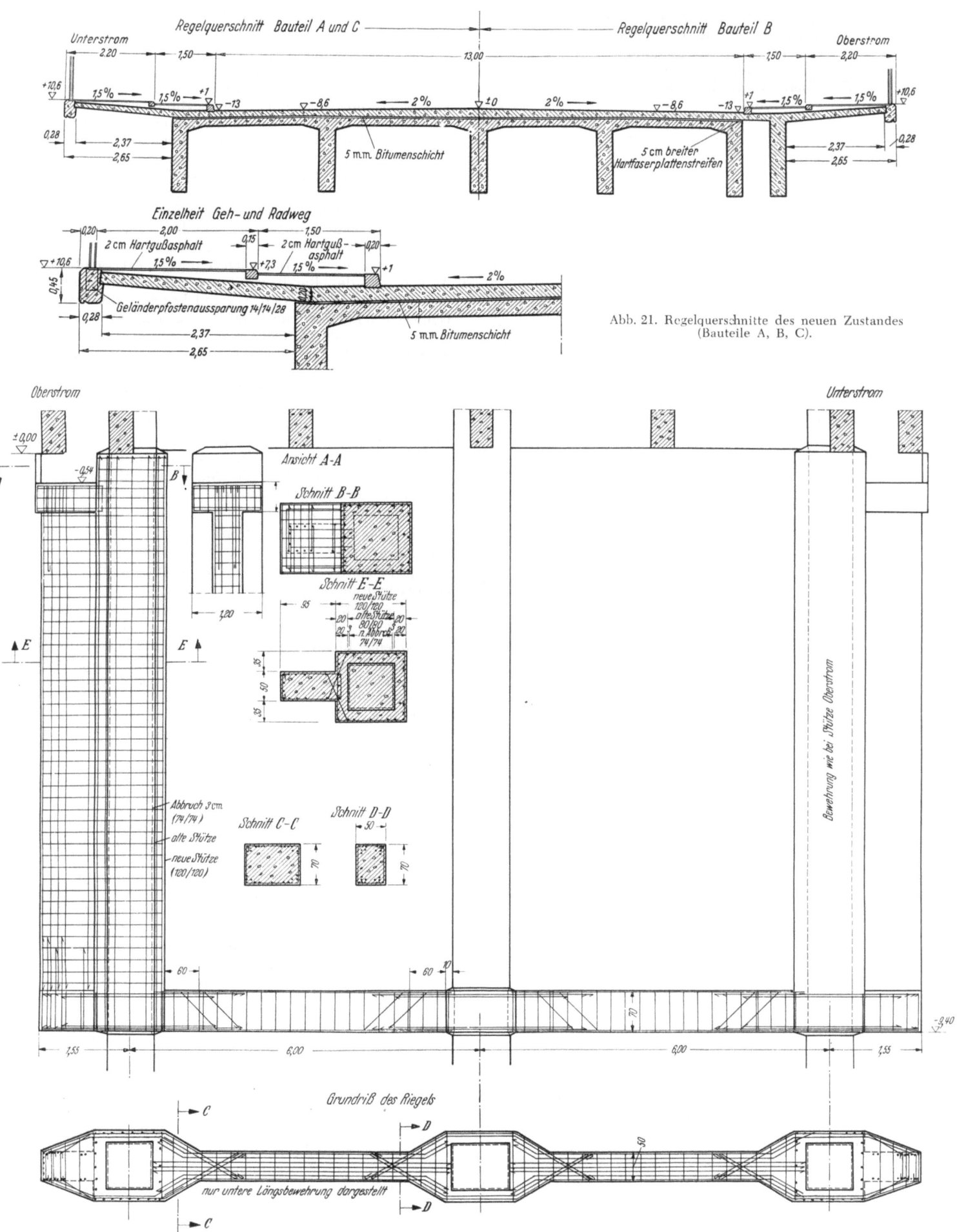

Abb. 21. Regelquerschnitte des neuen Zustandes (Bauteile A, B, C).

Abb. 22. Bewehrung der verstärkten Querrahmen.

Die Rampenbrücke war für die zur Zeit des Baues gültigen Regellasten der DIN 1072, also für die 24 t-Walze als schwerstes Regelfahrzeug bemessen. Außerdem waren von der Stadtverwaltung in Koblenz Sonderlasten der Stadtschnellbahn vorgeschrieben.

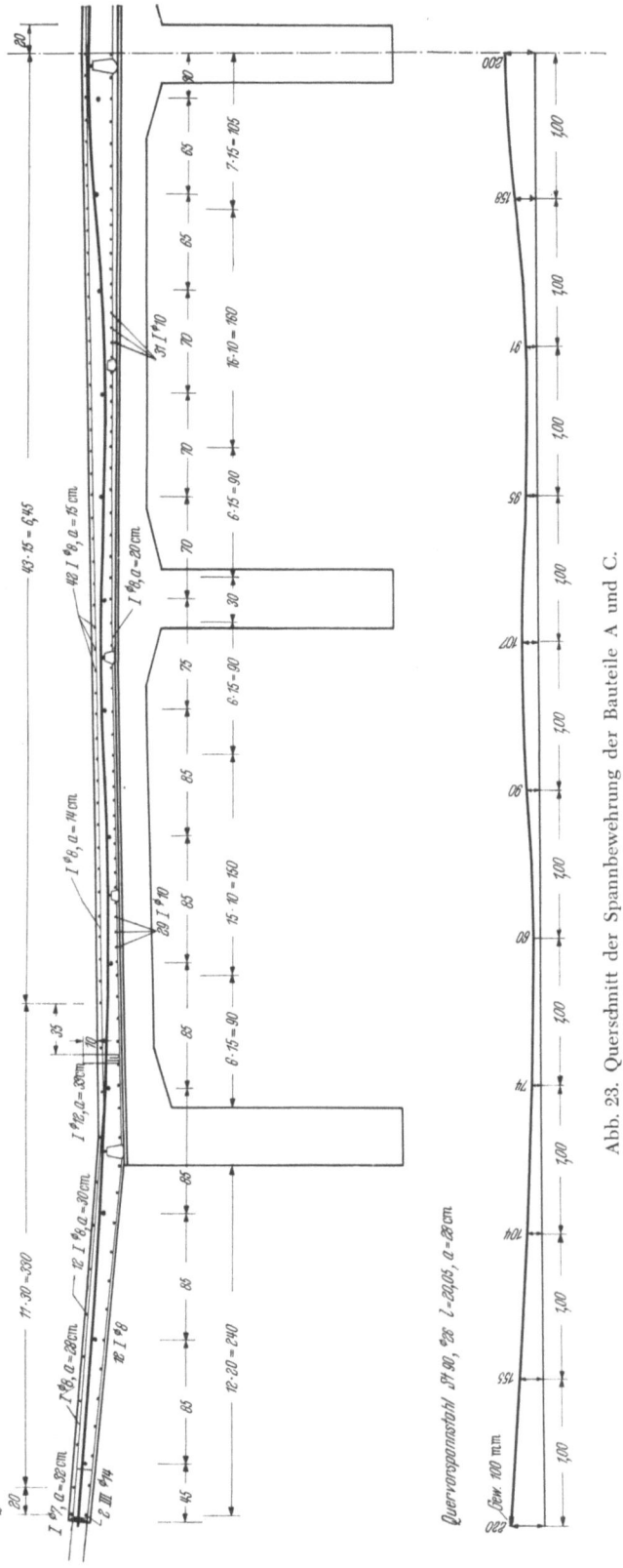

Abb. 23. Querschnitt der Spannbewehrung der Bauteile A und C.

Eine Nachrechnung der Rampenbrücke unter Berücksichtigung der vorzunehmenden Verbreiterung ergab, daß wohl die Fundamente, die Stützen, die Längs- und Querträger für die Lasten der Brückenklasse 60 ausreichen, nicht aber die Fahrbahnplatte. Es mußte ein Weg gefunden werden, die Fahrbahntafel ohne wesentliche Erhöhung der ständigen Lasten für die Klasse 60 tragfähig zu machen. Deshalb wurden die gesamte Fahrbahnbefestigung bis auf den Konstruktionsbeton der bestehenden Platte und die Gehwegkonsolen abgebrochen. Dann wurde auf diese Platte unter Zwischenschaltung einer Bitumenschicht als Rutschschicht eine neue Spannbetonplatte, die unmittelbar befahren werden soll, aufgelegt. Die neue Platte ist in der Längs- und in der Querrichtung vorgespannt und hat zur Erzielung von 2 % Quergefälle eine veränderliche Dicke, nämlich in der Brückenachse 24,6 cm und neben dem Bordstein 17 cm. Die Regelquerschnitte der drei Bauteile sind in Abb. 21 dargestellt. Die neue Platte kragt bei den Bauteilen A und C 2,65 m über die Außenkante des Randlängsträgers vor. Beim Bauteil B, dessen Träger in engerem Abstand liegen, hätte sich eine Gehwegauskragung von 3,80 m ergeben und der bestehende Randlängsträger wäre überlastet worden. Es mußten deshalb bei B in der Flucht der Randträger der anderen Bauteile A und C neue Träger zur Verminderung der freien Kraglänge der Gehwegkonsole eingezogen werden. Zur Aufnahme der Stützkräfte des neuen Trägers wurden die Außensäulen der Querrahmen 6—10 verstärkt. Der ursprüngliche Querschnitt von 80/80 wurde durch Ummantelung auf 120/120 vergrößert und erhielt außerdem eine Pfeilervorlage mit 50/95. Am oberen Säulenende ist eine Kopfplatte ausgebildet worden, auf der das Stelzenlager des Trägers aufruht.

Um eine einwandfreie Verbindung des neuen Betonmantels mit dem alten Stützenbeton sicherzustellen, war vorgeschrieben, die alten Stützen bis auf die Bewehrung abzuschälen und aufzurauhen.

Die Gründungstiefe der Säulen beträgt 6—8 m unter dem Gelände. Eine Verstärkung der Stützen bis auf die Fundamente hinunter wäre mit umfangreichen Erdbewegungen und damit mit hohen Kosten verbunden gewesen. Es wurden deshalb die Säulen nur bis etwa 80 cm bis 1 m unter Gelände verstärkt und in dieser Höhe ein Druckriegel ($b/d = 50/70$) zwischen die Stützen eingezogen, der die Querkraft der Stützen, die aus dem ausmittigen Kraftangriff der Lagerdrücke resultiert, aufzunehmen hat. Die Querkraft am Säulenkopf geht als Zugkraft in den bestehenden Querriegel ein. Abb. 22 zeigt die Bewehrung des Rahmens.

In der statischen Berechnung der Brückentafel wurde das Zusammenwirken von neuer und alter Platte untersucht. Wie bereits erwähnt wurde, ist zwischen beiden Platten eine Bitumenschicht eingefügt, damit die neue Spannbetonplatte die zur Erzeugung der Vorspannung notwendigen Verkürzungen ungehindert durch die alte Platte mitmachen kann. Die Eigengewichtsmomente der neuen Platte wurden unter der Annahme eines starr gestützten Durchlaufträgers über 4 Felder mit beiderseitigen Kragarmen ermittelt. Die Momente aus den Verkehrslasten wurden dem Heft 106 des D. A. f. St. entnommen.

Es wurden zwei Grenzfälle untersucht:

1. Beide Platten beteiligen sich unabhängig voneinander, d. h. unter der Annahme einer reibungsfreien Fuge, an der Aufnahme der Lasten. Diese verteilen sich auf beide Platten entsprechend dem Verhältnis ihrer Biegesteifigkeiten $E \cdot I$.

2. Beide Platten wirken mit einer der Gesamtdicke entsprechenden einheitlichen Biegesteifigkeit (wie eine homogene Platte) zur Lastaufnahme zusammen. Dieser Fall wurde untersucht zur Feststellung, ob die vorhandene Bewehrung der alten Platte ausreicht.

Die Veränderlichkeit des Trägheitsmomentes der neuen Platte wurde bei der Berechnung berücksichtigt.

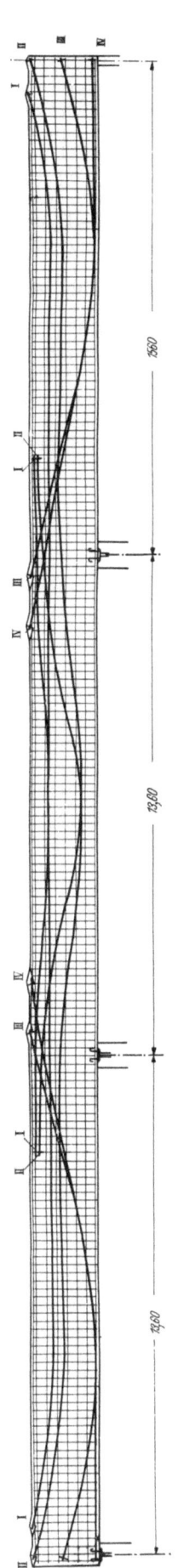

Abb. 24. Spannbewehrung des Randlängsträgers.

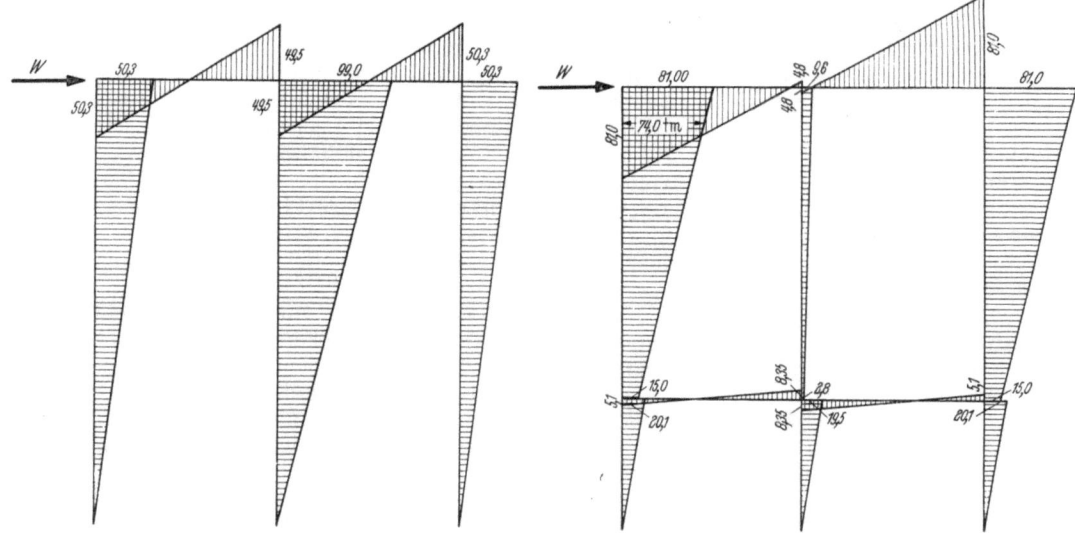

Abb. 25. Biegemomente des Querrahmens infolge Windlast im früheren und jetzigen Zustand.

Die Gesamtmomente aus Verkehrslast und ihre Aufteilung auf neue ($\varkappa_N$) und alte ($\varkappa_A$) Platte gibt die folgende Tafel wieder:

Bauteil A und C

Plattenquerschnitt	Gesamtmomente aus Verkehr		$\varkappa_N$	Momente der neuen Platte		$\varkappa_A$	Momente der alten Platte	
	M_x tm/m	M_y tm/m		M_x tm/m	M_y tm/m		M_x tm/m	M_y tm/m
Mitte des Randfeldes	+ 6,5	+ 2,26	0,4	+ 2,6	+ 0,9	0,6	+ 3,9	+ 1,35
über dem Zwischenlängsträger	− 7,8	—	0,4	− 3,1	—	0,6	− 4,7	—
Mitte des Innenfeldes	+ 5,4	+ 1,56	0,56	+ 3,0	+ 0,9	0,44	+ 2,4	+ 0,69
über dem Mittellängsträger :	− 9,1	—	0,68	− 6,2	—	0,32	− 2,9	—

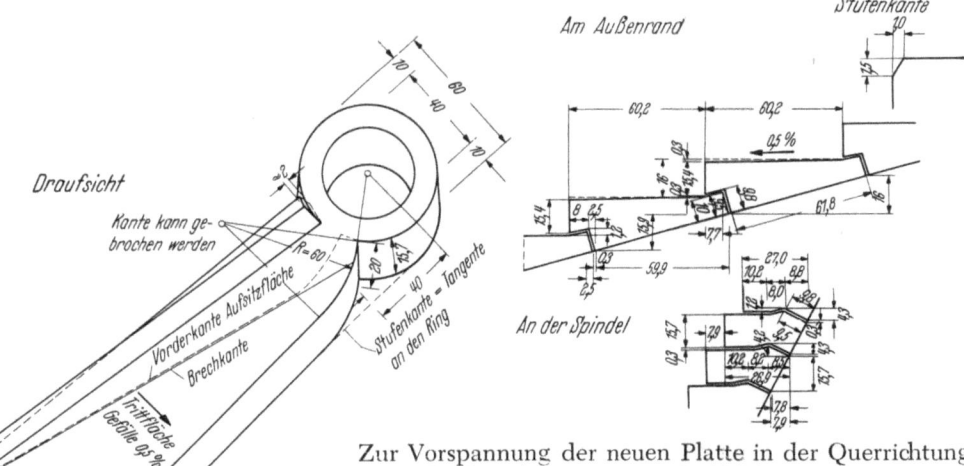

Abb. 26. Schrägbild einer Treppenstufe.

Zur Vorspannung der neuen Platte in der Querrichtung sind Rundstäbe $\varnothing$ 26 mm aus St 60/90 im gegenseitigen Abstand von 28 cm verlegt.

Am ungünstigsten beansprucht ist der Plattenquerschnitt über dem Zwischenlängsträger. Es ergeben sich hier die in der folgenden Zusammenstellung angegebenen Spannungen:

Lastfall	Randspannungen in kg/cm²	
	σ_{bo}	σ_{bu}
Ständige Last und Vorspannung v o r dem Kriechen und Schwinden	− 86	− 32
Ständige Last und Vorspannung n a c h dem Kriechen und Schwinden	− 74	− 27
Ständige Last und Vorspannung nach dem Kriechen u. Schwinden u. Verkehrslast	− 1	− 100

Sie liegen im Rahmen der nach den Richtlinien DIN 4227 zugelassenen Werte für Beton B 450 unter der Voraussetzung voller Vorspannung. In der Längsrichtung der Platte sind ebenfalls Spannstäbe ⌀ 26 mm St 60/90 mittig eingelegt. Ihr Abstand beträgt 80—100 cm und die Vorspannung rd. 15 kg/cm² nach Kriechen und Schwinden. Diese Vorspannung im Verein mit der aus konstruktiven Gründen eingebauten schlaffen Längsbewehrung genügt zur Aufnahme der Längsbiegemomente M_y (Abb. 23).

Bei der Spannbetonplatte des Bauteils B liegen ähnliche Verhältnisse vor. Die Abstände der Spannstäbe sind wegen der kürzeren Plattenspannweite auf 32 cm vergrößert, die Betonrandspannungen in der gleichen Größenordnung wie bei A und C.

Die neuen Randlängsträger des Bauteils B sind als durchlaufende Spannbetonbalken über je 3 Felder konstruiert. Sie sind 40 cm breit und 2,0 m hoch und bilden in Verbindung mit der Fahrbahnplatte einen Plattenbalken. Die festen Lager liegen auf den Querrahmen 5 und 11. Die Fuge über dem Querrahmen 8 setzt sich als Dehnungsfuge in der Fahrbahnplatte fort.

Die Träger erhalten Lasten aus den Geh- und Radwegen, und zwar aus ständiger Last $g = 5,55$ t/m und aus Verkehrslast 1,38 t/m. Die Momentengrenzwerte betragen in den Randfeldern + 142 tm, über den Zwischenstützen

anlage dieses Widerlagers. An Stelle der früheren geradläufigen Treppen sind zwei neue Wendeltreppen aufgestellt worden. Sie sind aus einzelnen als Fertigteile hergestellten Stufen zusammengesetzt. Abb. 26 zeigt eine Einzelstufe. Durch Übereinandersetzen der Stufen entsteht ein Hohlraum von 40 cm Durchmesser, der mit 6 Spannstäben ⌀ 26 mm aus St 60/90 bewehrt und in 2 Abschnitten von je rd. 4 m Höhe betoniert wird. Durch die Vorspannung mit rd. 130 t werden in der Treppenspindel Druckspannungen von 45 kg/cm² erzeugt, denen sich Biegespannungen aus den Stufenlasten überlagern. Die ungünstigsten Kantenpressungen betragen 90 bzw. 100 kg/cm² Druck.

Zum Schluß mögen noch einige Angaben über den Baustoffaufwand folgen:

Insgesamt wurden bei der Hauptbrücke für den Überbau, die Pfeiler und Stützwände sowie für die Gründung, aber ohne Ufermauern, Treppenanlagen usw., 11 500 m³ Beton in den Güten B 80 bis B 450 aufgewendet. Das Gesamtgewicht der eingebauten Bewehrung beträgt 644 t Spannstahl St 60/90 und 319 t Betonstahl I, II, III, und IV (Baustahlgewebe).

Abb. 27. Neue Moselbrücke Koblenz, Ansicht von Unterstrom. (Phot.: Weiand, Koblenz.)

— 174 tm. Die Träger sind mit je 11 Rundstäben ⌀ 26 mm aus St 60/90 vorgespannt.

In der Abb. 24 ist die Spannbewehrung eines Randlängsträgers dargestellt.

Eine Nachrechnung der durch die Verstärkung der Außenstützen abgeänderten Rahmen war notwendig, da sich die Steifigkeitsverhältnisse der einzelnen Glieder stark geändert haben. Während beispielsweise früher die Windlasten nahezu allein vom mittleren Stiel aufgenommen wurden, ergab sich für den jetzigen Zustand eine Abwanderung der Windmomente auf die Außenstiele, da deren Trägheitsmoment stark angewachsen ist.

Ein Vergleich der beiden Momentenlinien in Abb. 25 zeigt dies sehr deutlich.

Infolge der erhöhten Normalkräfte und Biegemomente treten in den Fundamenten der Außenstiele Spannungserhöhungen von max. 3,4 kg/cm² auf. Die Bodenpressungen betragen nunmehr im Grenzfall 13,5 bzw. 5,8 kg/cm². Da diese Fundamente auf Fels gegründet sind, sind die oben genannten Erhöhungen vertretbar. Ähnliche Werte ergeben sich auch bei den Pfahlgründungen des Rahmens 10.

Das Widerlager am Übergang zum Bauteil D hat durch Bombentreffer stark gelitten. Die Widerlagerwand auf der Unterstromseite mußte vollkommen abgebrochen und erneuert werden. Das gleiche gilt auch für die Treppen-

Davon entfallen auf den Überbau allein (Brückenfläche 7900 m²):

Beton: 7500 m³, d. s. 7500/7900 = 0,95 m³/m²,
Spannstahl: 617 t, d. s. 617/7900 · 10³ = 78 kg/m²,
Betonstahl: 227 t, d. s. 227/7900 · 10³ = 29 kg/m².

Für den freien Vorbau allein ergeben sich folgende Zahlen (Brückenfläche 6500 m²):

Beton: 4750 m³, d. s. 4750/6500 = 0,73 m³/m²,
Spannstahl: 499 t, d. s. 499/6500 · 10³ = 77 kg/m²,
Betonstahl: 155 t, d. s. 155/6500 · 10³ = 24 kg/m².

Die Verstärkungs- und Verbreiterungsarbeiten der Rampenbrücke in Lützel erforderten für die neue Spannbetonplatte, die neuen Randträger und die Querrahmen des Bauteiles B 1000 m³ B 300 und B 450, 80 t Spannstahl St 60/90 und 63 t Betonstahl. Auf den Quadratmeter der Brückenfläche (3670 m²) umgerechnet ergibt sich:

Beton: 1000/3670 = 0,27 m³/m²,
Spannstahl: 80/3670 · 10³ = 21,8 kg/m²,
Betonstahl: 63/3670 · 10³ = 17,2 kg/m².

Literatur.

1. F. Dischinger: Die zweite feste Straßenbrücke über die Mosel bei Koblenz. Bautechnik 12 (1934) S. 130.
2. W. Läniche: Neue Erkenntnisse über Festigkeitseigenschaften und Beanspruchbarkeiten von Spannbetonstählen, Beton- und Stahlbeton 46 (1951) S. 161.
3. H. Beck: Ein Beitrag zum Problem des zweistegigen Plattenbalkens unter einseitiger Belastung. Diss. TH. Darmstadt 1953.

Die Baudurchführung der „Neuen Moselbrücke Koblenz".

Von Dipl.-Ing. **Karlheinz Gries**, Bauverwaltung der Stadt Koblenz,
und Dipl.-Ing. **Hans Schwarzer**, Dyckerhoff & Widmann KG., Wiesbaden.

Die besonderen örtlichen Verhältnisse, vor allem die im Flußbett befindlichen Trümmer der alten Moselbrücke und die dadurch bedingte Flußbettverbauung, empfahlen den von der Firma Dyckerhoff & Widmann KG. angebotenen Vorschlag der Wiederherstellung mit freiem Vorbau zur Ausführung. In Anerkennung der beim Bau der ersten Moselbrücke 1932 bis 1934 geleisteten Mitarbeit und unter Würdigung der eingereichten Entwürfe für den Wiederaufbau wurden die Firmen Dyckerhoff & Widmann KG., Heinrich Butzer, Grün & Bilfinger AG., Philipp Holz-

Abb. 1. Zerstörte Brücke. Phot. Hein. Wolf, Koblenz.

mann AG., Wayß & Freytag AG., unter Federführung der Firma Dyckerhoff & Widmann KG. zu einer Arbeitsgemeinschaft zusammengeschlossen.

Die in den letzten Kriegstagen durch Sprengen des größten Bogens der Dreigelenkbogenbrücke erfolgte Zerstörung der Moselbrücke war so nachhaltig, daß umfangreiche Abbruch- und Räumarbeiten dem Wiederaufbau im Frühjahr 1952 vorangehen mußten (Abb. 1). Diese brauch-

dieses freien Vorbaues sollten der Strompfeiler und das Widerlager Koblenz hergestellt werden und danach der freie Vorbau der zweiten Brückenhälfte. Zum Abschluß sollte die Wiederherstellung des Rampenbauwerks Lützel sowie der beiderseitigen Rampen erfolgen. Die hierzu erforderliche Baustelleneinrichtung sah den Schwerpunkt auf der Lützeler Seite vor, um von hier aus fast $3/5$ der gesamten Baustelle bedienen zu können. Nach eingehenden Überlegungen plante man die Hauptbetoniereinrichtung auf der zwischen Unterkanal und Mosel auf der Lützeler Seite liegenden Insel, obwohl diese nicht hochwasserfrei lag (Abb. 2). Die großen Vorteile, die Hauptbetonieranlage im Schwerpunkt der auszuführenden Bauarbeiten aufstellen und die Kies- und Zementanfuhr mit Schiff vornehmen zu können, ließen trotz der Hochwassergefahr die Baustelleneinrichtung auf der Insel als richtig erscheinen. Eine kleinere Betoniereinrichtung sollte von der ehemaligen Rampenbrücke her die Arbeiten am Widerlager Lützel mit dem daran anschließenden freien Vorbau des Lützeler Kragarmes bedienen, eine weitere etwas größere Anlage auf der Koblenzer Seite die Arbeiten am Widerlager Koblenz mit dem von dort aus durchzuführenden freien Vorbau des Koblenzer Auslegers. Die beiden letztgenannten Anlagen lagen hochwasserfrei. Trotz mehrerer Hochwasserüberschwemmungen der Baustelleneinrichtung auf der Insel mit den dadurch unvermeidbaren Schäden hat der Ablauf der gesamten Arbeiten die richtige Lage der Baustelleneinrichtung bestätigt.

Die umfangreichen Betonierarbeiten, die einen Betonumsatz von etwa 14 000 bis 15 000 m³ erwarten ließen, führten zur Einrichtung eines vollständigen Betonlaboratoriums, welches unter der Betreuung eines Betoningenieurs stand, der einen für diese Arbeiten besonders geschulten

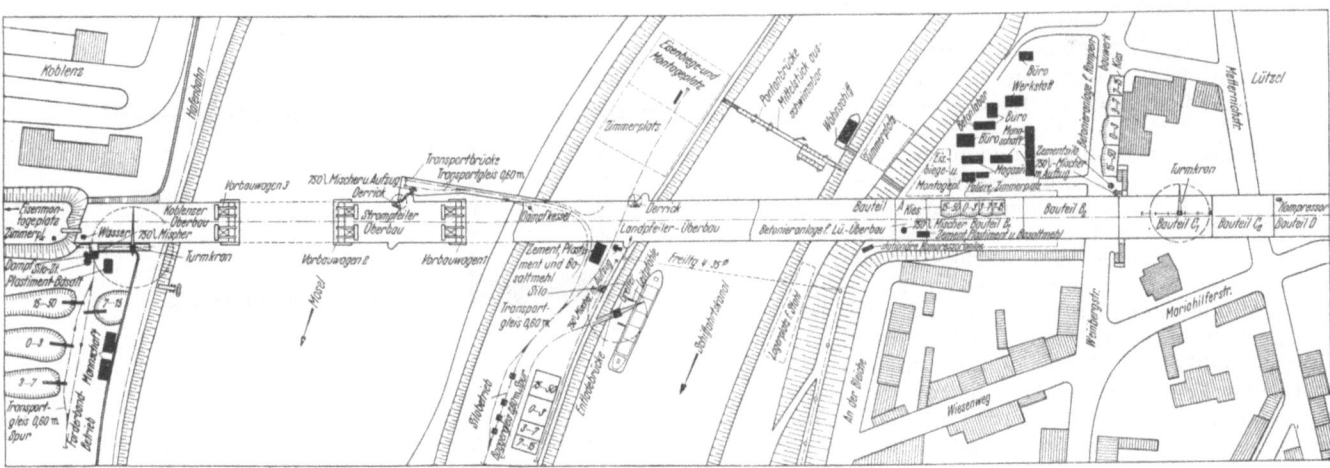

Abb. 2. Baustelleneinrichtung.

ten allerdings nur so weit getrieben zu werden, daß ein Aufbau der Pfeiler und Widerlager möglich war, weil die geplante Ausführung des freien Vorbaues unabhängig von einer etwaigen Flußbetträumung durchgeführt werden konnte. Diese war ohnehin im Gegensatz zur früheren Flußbettsohle nur bis zu einer geringeren Solltiefe wegen Verlegung des Schiffahrtsweges in den Unterkanal erforderlich.

Als Baubeginn der neuen Moselbrücke wurde der 1. August 1952 festgelegt. Die Abwicklung war in der Weise gedacht, daß zunächst das Widerlager Lützel sowie der Landpfeiler hochgeführt werden mit daran anschließendem freien Vorbau der ersten Brückenhälfte. Während

Betonhelfer für die Zeit der Baudurchführung auf die Baustelle abstellte. Die erforderlichen zahlreichen Würfelprüfungen ließen die Aufstellung einer Würfeldruckpresse als ratsam erscheinen. Gewählt wurde eine 250 t Schlosserpresse, die sich ausgezeichnet bewährt hat und vor allem sehr einfach zu bedienen ist. Die verlangten hohen Betongüten erforderten eine sorgfältige Zusammensetzung des Betons unter Verwendung von Oberrheinkies, der in 4 getrennten Körnungen 0—3, 3—7, 7—15 und 15—50 mm angeliefert wurde. Die Zugabe des Zuschlagmaterials erfolgte über Silos nach Gewicht unter Verbesserung der Mischung durch Zugabe von 2 % des Kiesgewichts an Basaltmehl, da wegen des gewaschenen Oberrheinmaterials zu wenig Feinstbestandteile in der Mischung waren. Eine weitere Verbesserung wurde noch durch den Zusatz von 1 % Plastiment vom Zementgewicht erreicht. In der Folge zeigte sich dann, daß sich der so hergestellte Beton, bei einer Zugabe von 300 bis 350 kg Zement/m³ Beton, sehr gut verarbeiten ließ und die gewünschten Festigkeiten mit Leichtigkeit erreicht wurden. Darüberhinaus gewährleistete dieser gut zusammenquer vorgespannt. Die Vorspannung erfolgte unter Verwendung von Dywidag-Spannbeton mit Stahl 90, dessen Einzelheiten wegen der vorhandenen zahlreichen Veröffentlichungen als bekannt vorausgesetzt werden. Die verwendete Betongüte betrug B 300.

Die Herstellung der Druckpendels sowie des Widerlagerkörpers erforderte wegen der verhältnismäßig großen Abmessungen besondere Überlegungen über die zweck-

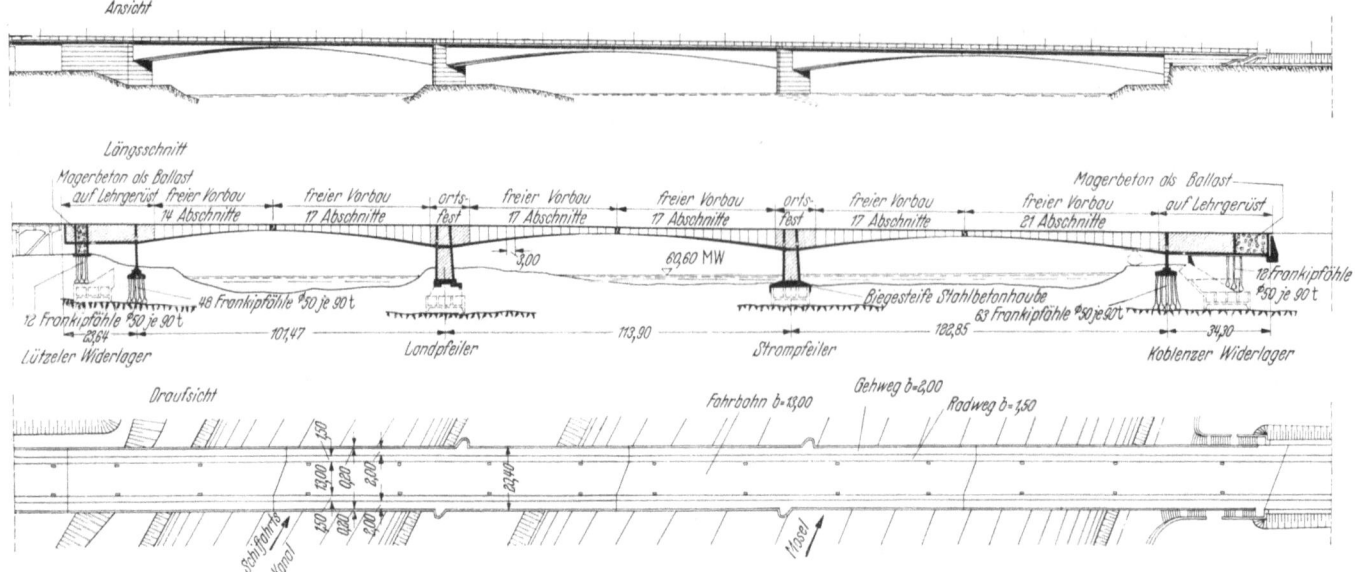

Abb. 3a. Übersichtsplan der Hauptbrücke.

gesetzte Beton auch eine einwandfreie Sichtfläche, auf die von vornherein besonderer Wert gelegt wurde. Die genaue Zugabe der Zuschlagstoffe nach Gewicht, ferner die Verwendung einer Wassermeßuhr an der Mischmaschine ergaben durchweg die gewünschten gleichmäßigen Mischungen. Auf eine gewisse Narrensicherheit bei der Durchführung der Betonierarbeiten war besonders zu achten, da 80 % der Arbeitskräfte aus Notstandsarbeitern der Stadt Koblenz bestanden.

Die Arbeiten begannen gleichzeitig am Widerlager Lützel und am Landpfeiler (Abb. 3 a u. 3 b). Die Gründung der Pendelwand Lützel war zunächst als Brunnengründung vorgesehen. Es zeigte sich aber bald, daß wegen der vorhandenen alten Joche und alten Betonfundamente eine Absenkung von Brunnen unzweckmäßig erschien. Daher wurde eine Pfahlgründung gewählt, wobei wegen der vorhandenen Verhältnisse auf die besonders geeignet erscheinenden Frankipfähle zurückgegriffen wurde. Ausgeführt wurden Pfähle mit 50 cm ⌀, die auf dem gewachsenen Fels standen. Die ihnen zugemutete maximale Belastung beträgt 160 t je Pfahl. Als Betongüte war ein B 300 verlangt, der unter Verwendung von 300 kg Hochofenzement und einer sehr trockenen Mischung mit einem Wasserzementfaktor von 0,35 bereits nach 7 Tagen den geforderten 28-Tagewert erreichte. Die Pfähle erhielten eine Spiralbewehrung. Sämtliche Pfähle konnten störungsfrei geschlagen werden; angetroffene Hindernisse wurden einwandfrei durchgerammt. Jeder Pfahl ließ sich bis auf den Fels treiben, wobei das Auftreffen genau feststellbar war und erfreulich mit den vorhandenen Bohrergebnissen übereinstimmte. Zur Aufnahme der Lasten des Pendels und des Ballastkastens waren 60 Stück Pfähle mit einer Gesamtlänge von 489 lfdm erforderlich. Die Pfahlköpfe wurden in einem Fundament zusammengefaßt, auf welchem das Pendel ruht. Wegen der großen Schubkräfte und zur Einsparung von Rundstahl wurde das Fundament

mäßigste Einschalung, die Wahl der Schalung, die etwaige Anordnung der Betonierfugen und über die bereits früher hingewiesene besonders sorgfältige Zusammensetzung des Betons zur Erzielung einwandfreier Sichtflächen. Es wurde grundsätzlich senkrecht geschalt unter Verwendung einer 30 mm starken gehobelten Schweins-

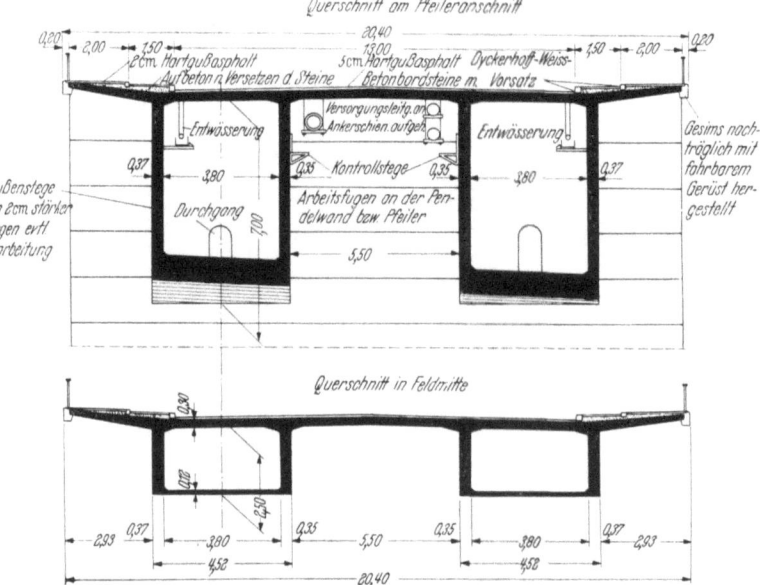

Abb. 3b. Querschnitte der Hauptbrücke.

rückenschalung, wobei die unvermeidlichen Arbeitsfugen vor dem Betonieren nach besonderen betrieblichen und ästhetischen Gesichtspunkten zusammen mit dem Architekten festgelegt wurden. An den Betonierfugen wurden Dreikantleisten auf die Schalung genagelt; der Betonierabschnitt endete jeweils in Mitte der Dreikantleiste. Die Dreikantleiste war hierbei in 2 Hälften aufgeteilt, so daß nach erfolgtem Betonieren ein Abziehen des Betons auf der Sichtseite möglich war (Abb. 4). Vor dem Weiterbetonieren wurde dann die obere Hälfte der Dreikantleiste auf die bereits vorhandene untere aufgeschraubt und hierbei eine noch etwa notwendige Korrektur vorgenommen. Diese Maßnahme ließ die Arbeitsfuge im Schatten der durch die Dreikantleiste entstehenden Vertiefung verschwinden und damit eine saubere Außenfläche entstehen. Neben diesen rein ausführungstechnischen Gesichtspunkten war für die Wahl von Dreikantleisten und der damit verbundenen Profilierung der Betonkörper die Aufgliederung des sonst sehr wuchtig erscheinenden Widerlagerkörpers maßgebend. Obwohl die verwendeten Dreikantleisten mit 3/3 cm Seitenlänge vor dem Betonieren sehr groß erschienen, können die Abmessungen ohne weiteres noch größer gewählt werden, da die hierdurch erzielte Aufgliederung in keiner Weise störend, sondern eher maßstabgebend wirkt. Die geforderte Betongüte B 450 ließ sich bei Zusatz von 325 kg hochwertigem Zement unter Verwendung von Innen- und Außenrüttlern mit Sicherheit erreichen. Die Festigkeit betrug nach 28 Tagen 500—550 kg/cm². Für die Außenrüttler wurden die leicht bedienbaren Boschhämmer verwendet. Besonders sorgfältig wurde darauf geachtet, daß möglichst kein Überrütteln mit den für eine Sichtfläche unangenehmen Schlieren

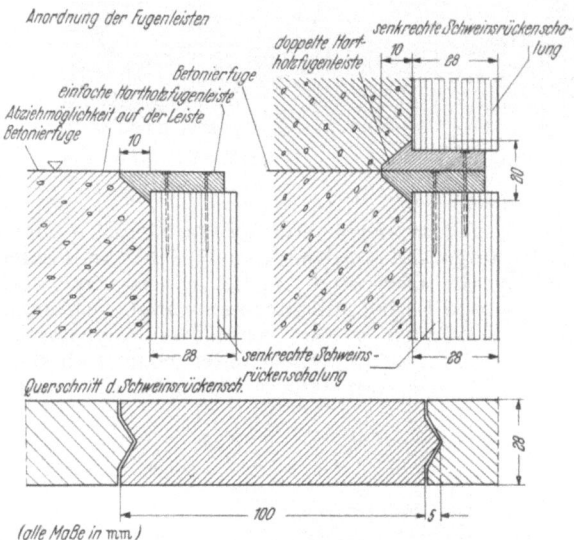

Abb. 4. Ausbildung der horizontalen Betonierfugen an Pfeiler und Widerlager.

und rauhen Stellen auftrat. Hierbei erwies sich die Schweinsrückenschalung als günstig, da die an den Außenflächen mit Vorliebe verbleibenden Luftbläschen, die sich z. B. bei Verwendung einer Nut- und Federschalung kaum wegrütteln lassen, entweichen können, und damit die häßlichen Poren praktisch entfallen. Im übrigen bot der Widerlagerkörper keine weiteren baulichen und betriebstechnischen Besonderheiten. Die ursprüngliche Absicht, die Ballastkästen mit Erdaushub zu füllen, wurde aufgegeben und dafür ein Ausbetonieren mit Magerbeton gewählt. Diese Wahl erschien richtiger wegen der besseren Verdichtungsmöglichkeit und des einwandfrei zu erfassenden Raumgewichtes. Tatsächlich erreichte man ein Frischraumgewicht des Betons von 2,3 t/m³ bei 100 kg/m³ Zementzusatz und einem Wasserzementfaktor 1,03. Die Mischung ließ sich, wenn auch zögernd, noch mit Innenrüttlern verdichten.

Zur gleichen Zeit liefen die Arbeiten für den Wiederaufbau des Landpfeilers an. Hier waren zunächst umfangreiche Abbrucharbeiten z. T. unter Wasserhaltung notwendig, da der Pfeilerschaft infolge Sprengung bis nahezu auf die Caissonoberkante aufgerissen war. In diesem Zusammenhang darf erwähnt werden, daß ursprünglich an ein Geraderichten des um rd. 10° geneigten Pfeilers gedacht war, diese Arbeiten sich aber als kostengleich mit einem Abbruch und Neubau errechneten. Zudem schloß ein neuer Pfeiler das beim Geraderichten unvermeidbare Risiko aus

und bot darüber hinaus den Vorteil, sich besser den architektonischen Belangen der neuen Brücke anzupassen.

Der Pfeilerabbruch gestaltete sich verhältnismäßig schwierig, da der rd. 20 Jahre alte Beton des mit Traßzusatz betonierten Pfeilers hohe Festigkeiten aufwies. Desweiteren waren die Abbrucharbeiten auch dadurch erschwert, daß die vorgesehene Spundbohlenlänge der Baugrubenumspundung sich als knapp erwies, weil die Rißbildungen im Pfeilerschaft erheblich tiefer reichten als zunächst angenommen werden konnte. So ließ es sich nicht ganz vermeiden, die Baugrube an einigen Stellen bis fast auf 1 m über Spundwandunterkante, bei 8 m Spundwandlänge und rd. 5 m Einbindetiefe, auszuheben, selbstver-

Abb. 5a. Baustelle während des Hochwassers Dezember 1952.
Phot. Bauleitung.

ständlich unter Beachtung aller Vorsichtmaßnahmen im Hinblick auf einen etwa möglichen Grundbruch. Das Einziehen einer weiteren tiefliegenden Absteifung war unerläßlich. Die Arbeiten wurden in Tag- und Nachtschichten vorangetrieben, um die Gefahrenstelle so schnell wie möglich zu beseitigen und den Beton des neuen Pfeilers wegen der fortgeschrittenen Jahreszeit und noch vor Eintreffen des zu befürchtenden Hochwassers der Mosel mindestens bis Oberkante Spundwand einzubringen. Diese Überlegungen erwiesen sich als richtig, da der Beton beinahe in letzter Minute vor dem Überfluten der Baugrube bis zur Oberkante Spundwand eingebracht werden konnte. Die dann durchlaufenden Hochwasserwellen, deren höchste zu Weihnachten 1952 innerhalb weniger Tage das Wasser rd. 7 m ansteigen ließ, unterbrachen die Bauarbeiten, da die gesamte Baustelleneinrichtung einschließlich aller Baugruben rd. 2 m überflutet war (Abb. 5a u. 5b). Aus den bereits ein-

Abb. 5b. Baustelle nach Ablauf des Hochwassers. Phot. Bauleitung.

gangs erwähnten Gründen war bewußt auf eine hochwasserfreie Baustelleneinrichtung verzichtet worden, zumal auch bei dieser ein Weiterarbeiten wegen der überfluteten Baugruben ohnehin unmöglich gewesen wäre. Während die Mosel normalerweise rd. 300 m³/Sek. an Wasser führt, lief bei dem aufgetretenen Hochwasser eine Wassermenge von rd. 3000 m³/Sek. durch. Dies brachte naturgemäß einige Schäden an der Baustelleneinrichtung und an der bereits bestehenden Schalung für den Landpfeiler mit sich. Nach Ablaufen des Hochwassers begannen in den ersten Januartagen 1953 die weiteren Arbeiten am Landpfeiler oberhalb der Erdgleiche. Als Schalung dienten 2 hölzerne Ringe von je rd. 3 m Höhe, die wechselseitig übereinander gesetzt wurden. Zur Verarbeitung kam auch hier die bereits früher erwähnte gehobelte Schweinsrückenschalung, wobei die inneren und äußeren Schalungstafeln mit Bolzen in ihrer richtigen Lage gehalten wurden. Für die Durchführung der Bolzen, die nach dem Ausschalen wieder gewonnen wurden, verwendete man Bergmann-Rohre, die in Stromrichtung und nicht senkrecht zur Brückenachse anzuordnen waren. Somit ergab sich ein Winkel zwischen Pfeiler und Brückenachse von 70 Altgrad. Um den freien Vorbau trotz der Schiefe der Brücke zu erleichtern, wurde ein dreieckförmiges Ausgleichsstück des Überbaues beidseits des Pfeilers auf Rüstung betoniert und erst von dort aus der freie Vorbau begonnen, so daß die einzelnen Vorbauabschnitte rechtwinklig zur Brückenachse gebaut wer-

Abb. 6. Blick auf den Landpfeiler. Aus D. & W. Archiv. (Phot. Weiand, Koblenz.)

den Vorteil bieten, gleichzeitig Abstandhalter zu sein. Durch Abschälen von etwa 2 cm der stählernen Umhüllung an den Rohrenden ließen sich Rostflecken vermeiden. Sehr erschwert waren die Schalarbeiten durch den auf allen Seiten nach oben laufenden konischen Anzug des Pfeilers und die besonders sorgfältig auszuführende Ausrundung der Vorköpfe, da eine Verblendung mit Werksteinen aus finanziellen Gründen unterbleiben mußte (Abb. 6 u. 7). Die eingehende Überwachung der Betonierarbeiten durch einen Betoningenieur, die genaue und stetige Zusammensetzung des Betons und die sorgfältig vorgenommenen Schalarbeiten genügten höchsten Ansprüchen hinsichtlich Güte und Aussehen des Betons. Eine weitere Erschwernis bei der Herstellung des Landpfeilers trat durch die Forderung der Wasserstraßenverwaltung ein, wonach die Pfeiler den konnten. Das hierfür erforderliche Gerüst mußte sehr sorgfältig aufgestellt werden, da unmittelbar am Pfeiler die Trägerhöhe des Überbaues 7 m betrug und somit verhältnismäßig große Lasten aufzunehmen waren. Den ungleichmäßigen Setzungen wurde besonderes Augenmerk geschenkt, weshalb auch Spindeln unter jedem Joch standen. Ferner mußte man sich darüber klar sein, daß nach dem

Abb. 7. Ausbildung der Betonierfugen am Landpfeiler.
Phot. Bauleitung.

Abb. 8. Strompfeiler vor der Fertigstellung.
Phot. Bauleitung.

Betonieren eines größeren Teiles dieses Trägerstumpfes die darauffolgende weitere Betonierlast zum größten Teil von dem inzwischen bereits erhärteten unteren Trägerteil getragen wurde und nicht mehr ausschließlich vom Lehrgerüst. Der Landpfeiler wurde bis Anfang Mai 1953 fertiggestellt, so daß nach dem Vorspannen der senkrechten Vorspanneisen der Pfeilerwände mit dem Aufbau der beiden Vorbauwagen an dieser Stelle begonnen werden konnte.

Die Räum- und Abbrucharbeiten in der Mosel im Bereich des Strompfeilers gestalteten sich wegen der großen ineinandergeschachtelten und durch starke Bewehrungseisen verklammerten Trümmer außerordentlich schwierig. Außerdem hatte die geschiebeführende Mosel die Trümmer mit Kies und Schlamm stark versetzt. Diese Schwierigkeiten ließen erhebliche Zeitverluste erwarten, die nur dadurch vermindert werden konnten, daß bereits während der Wintermonate mit dem Schlagen einer in Stromrichtung stehenden Längsspundwand, nach vorherigem Heraussprengen eines Schlitzes durch die Trümmerbarriere, begonnen wurde. Die den Hochwasserabfluß verbauenden restlichen Spundwände konnten erst nach Ablauf des Winterhochwassers im Frühjahr 1953 geschlagen werden. Nach Schließen der Baugrube und Einbau der Aussteifungen begann Ende April der Abbruch des Pfeilerstumpfes, der ohne Störungen vonstatten ging. Bei Erreichen der Caissonoberkante zeigten sich auf seiner Oberseite Rißbildungen; glücklicherweise stellte es sich jedoch heraus, daß die Standsicherheit des Caissons in einfacher Weise und mit geringem Aufwand dadurch gesichert werden konnte, daß der Caisson in seinem oberen Teil mit einer biegesteifen Haube überzogen wurde. Die Herstellung dieser Haube bot keine Besonderheiten. Verwendet wurde ein Beton B 300 mit 300 kg Traßzement. Unmittelbar hierauf stand der neue Strompfeiler, mit dessen Aufbau Anfang Juni begonnen werden konnte. Der Bauablauf entsprach im übrigen dem des Landpfeilers (Abb. 8). Aus Zeitersparnis wurde Tag und Nacht gearbeitet und der Pfeiler bereits nach knapp 3 Monaten im September fertiggestellt. Diese Beschleunigung war erforderlich, da der freie Vorbau des Überbaues, der bis zu diesem Zeitpunkt bereits vom Widerlager Lützel zur halben Stromöffnung vorgetrieben war, ohne weiteren Zeitverlust nach Umsetzen der Vorbauwagen auf den Strompfeiler fortgeführt werden sollte. Dieser reibungslose Übergang war besonders wichtig, um noch vor dem

Abb. 9. Freier Vorbau vom Widerlager Lützel. D. u. W.-Archiv. (Phot. Weiand, Koblenz.)

Winterhochwasser, wegen der hochwassergefährdeten Baustelleneinrichtung auf der Insel, den von dieser Stelle aus zu betonierenden Teil des Überbaues so weit vortreiben zu können, daß gegebenenfalls auch bei Hochwasser vom bereits fertiggestellten Überbau weiterbetoniert werden konnte. Dieses Ziel wurde erreicht. An dieser Stelle mag noch erwähnt sein, daß im Strompfeiler der Neuen Moselbrücke eine Meßkammer der Bundesanstalt für Gewässerkunde eingerichtet wurde, um den Verschmutzungsgrad der Mosel durch Entnahme von Wasserproben in verschiedenen Tiefen untersuchen zu können. Da es sich um einen Hohlpfeiler handelt, ließen sich die Einbauten ohne Schwierigkeit durchführen.

Nach Aufbau des Widerlagers Lützel und des Landpfeilers begannen die Arbeiten am Überbau mit der Mon-

Abb. 10. Erster Arbeitsabschnitt fertiggestellt. D. u. W.-Archiv. (Phot. Weiand, Koblenz.)

tage der Vorbauwagen. Aus wirtschaftlichen Überlegungen war die Herstellung des Überbaues in 2 Arbeitsabschnitten und damit zweifacher Verwendung der Vorbauwagen vorgesehen. Der erste Arbeitsabschnitt umfaßte den Überbau vom Widerlager Lützel bis zum Scheitelgelenk der mittleren Stromöffnung (Abb. 9, 10). Der zweite Abschnitt schloß sich unmittelbar an den ersten an und reichte bis zum Widerlager Koblenz. Das Bauprogramm sah den Einsatz von 3 Vorbauwagen für jeden Arbeitsabschnitt vor. Da sich die beiden Arbeitsabschnitte zeitlich aneinanderreihen ließen, reichten insgesamt 3 Vorbauwagen aus, die nach Vollendung des ersten Abschnittes durch Umsetzen auf den Strompfeiler und das Widerlager Koblenz für den zweiten Arbeitsabschnitt wieder verfügbar waren. Diese betriebliche Maßnahme hätte die rechtzeitige Fertigstellung des gesamten Überbaues im Jahre 1953 ohne besondere Vorkehrungen sichergestellt, wenn nicht durch die bereits früher erwähnten Schwierigkeiten bei den Räum- und Gründungsarbeiten größere Zeitverluste entstanden wären, wodurch sich der ursprünglich für Februar/März vorgesehene Beginn des freien Vorbaues auf Ende Mai verschob. Es standen hiermit für den gesamten Überbau nur noch knapp 7 Monate Bauzeit zur Verfügung.

Das Einhalten dieser knapp bemessenen Frist konnte nur durch ins einzelne gehende organisatorische Maßnahmen gewährleistet werden. Dies wurde dadurch erreicht, daß sich die bei den einzelnen Vorbauabschnitten in regelmäßigen Zeitabständen wiederholenden Arbeitsgänge aller 3 Vorbauwagen in ein Taktverfahren einordnen ließen. Hierdurch genügte ein Minimum an Zeitaufwand zur Herstellung der einzelnen Vorbauabschnitte. Jeder Vorbauabschnitt umfaßte die Herstellung eines 3 m langen und 20 m breiten Teiles des Überbaues, also sämtliche Arbeiten,

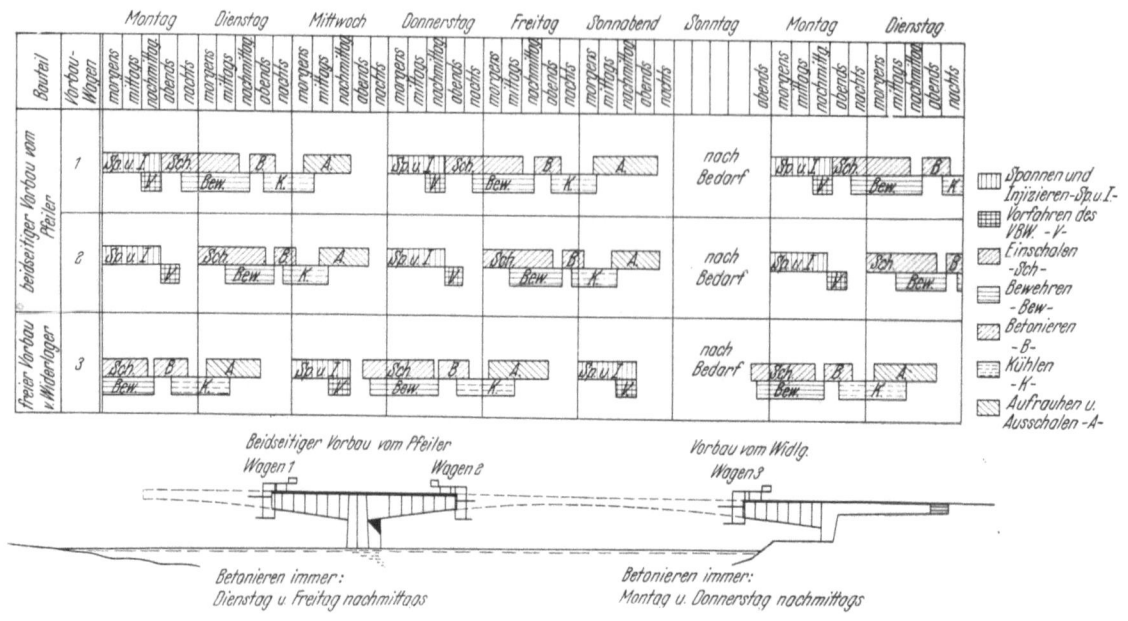

Abb. 11. 3 Tage-Takt beim freien Vorbau.

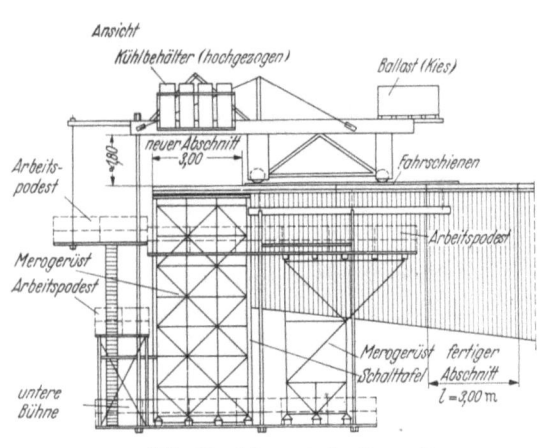

Abb. 12. Schematische Darstellung des Vorbauwagens.

Abb. 13. Erster Arbeitsabschnitt fertiggestellt, Montage der Vorbauwagen auf dem Strompfeiler. Phot. Bauleitung

wie Schalen, Bewehren, Betonieren, Erhärten und Vorspannen. Lediglich das auf beiden Seiten befindliche Gesims wurde zunächst nicht mitbetoniert, um nach dem Fertigstellen des gesamten Überbaues durch das nachträgliche Betonieren in einem Zuge unter Bereinigung etwaiger

Höhendifferenzen eine saubere Außenansicht zu gewährleisten. Da der Vorbau gleichzeitig mit 3 Vorbauwagen ablief und zur folgerichtigen Auswertung des Taktverfahrens für jeden Arbeitsgang eine Arbeitskolonne eingesetzt war, die alle 3 Vorbauwagen bediente und somit eine Phasenverschiebung der einzelnen Arbeiten an den 3 Vorbaustellen eintrat, mußte auf strengste Einhaltung der für

Bild 14. Kragarm vom Landpfeiler zur Mittelöffnung.
Phot. Bauleitung.

jeden Arbeitstakt veranschlagten Zeit gesehen werden. So war es tatsächlich bei Einsatz von 3 Vorbauwagen möglich, alle 3 Tage jeweils 3 Vorbauabschnitte mit insgesamt 9 m Brückenlänge bei voller Brückenbreite herzustellen. Das bedeutete 3 m fertige Brücke je Arbeitstag, obwohl bei den ersten Vorbauabschnitten in der Nähe der Pfeiler rd. 70 m³ Beton, 400 m² Schalung, 12 t Vorspannstahl und rd. 4 t schlaffer Stahl je Abschnitt eingebaut werden mußten. Die Vorteile des eingeschlagenen 3-Tage-Taktes, mit Sonntag als Ausgleichstag, lagen darin, daß sich in jeder Woche, an jedem Tag und zu jeder Stunde derselbe Arbeitsvorgang abspielte, so daß jede Arbeitskraft wußte, welche Arbeit jeweils zu leisten war, eine nicht zu übersehende Tatsache gerade beim Einsatz von Notstandsarbeitern. Das beiliegende Diagramm veranschaulicht den Ablauf des Taktverfahrens und das Ineinandergreifen der Arbeiten (Abb. 11). Die Arbeitsweise mit den Vorbauwagen dürfte wegen der zahlreichen Veröffentlichungen bekannt sein. Dennoch soll in großen Zügen darauf hingewiesen werden, daß es sich bei den Vorbauwagen um ein auf Schienen fahrbares Vorbaugerüst handelt, das über dem fertiggestellten Brückenteil um etwa 4 m auskragt (Abb. 12). An diesen Kragenden sowie an den Wänden des vorhergehenden Bauabschnittes wird mit Hängestangen eine Arbeitsbühne befestigt, die die erforderliche Rüstung und Schalung für den neuen Abschnitt trägt. Als Rüstung dient ein Stahlrohrgerüst, dessen Vorteile hier besonders zur Geltung kommen. Die Schalung bestand aus einzelnen Tafeln, die zum Teil 34fach verwendet wurden und selbst nach dieser ungewöhnlich häufigen Verwendung noch strengeren Anforderungen genügten. Voraussetzung hierfür war allerdings die Verwendung einer vorgetrockneten 30 mm starken Schweinsrückenschalung mit nordischer Breite, beidseitig gehobelt, unter Verwendung von gleichfalls gehobelten Kanthölzern. Alle Tafeln wurden geschraubt. Die Schaltafeln der Außenwände hatten eine Größe von $3 \cdot 7$ m² mit senkrecht stehenden Brettern. Wegen ihres Gewichts hingen sie an Schwenkarmen, die an dem Stahlrohrgerüst befestigt waren. Auf diese Weise ließen sich die schweren Schaltafeln beim Ausrüsten leicht handhaben. Boden- und Fahrbahntafeln waren quer geschalt. Die Schaltafel des Trägerbodens lag zwischen den beiden Tafeln der Außenwand des Kastens. Laufend mit dem Vorbau wurde sie höhergesetzt, ohne daß die Seitentafeln verändert werden mußten. Lediglich die inneren Tafeln wurden nach jedem Vorbauabschnitt den noch vorhandenen Trägerhöhen durch Abschneiden angepaßt.

Zur genauen Höheneinstellung waren die Vorbauwagen mit hydraulischen Hebeböcken ausgerüstet. Im übrigen ließ sich die Nivellette nach Höhe und Richtung verhältnismäßig einfach überwachen, da nach jedem Vorbauabschnitt, also alle 3 m, die erforderlichen Messungen mit Theodolit und Nivellierinstrument erfolgten. Es versteht sich, daß sämtliche Messungen nur mit genau justierten Instrumen-

Abb. 15. Freier Vorbau vom Strompfeiler. D. u. W.-Archiv. (Phot. Weiand, Koblenz.)

ten vorgenommen werden konnten. Die Methode des freien Vorbaues läßt die Möglichkeit zu, etwa notwendige Korrekturen durch Berücksichtigung der Abweichungen von den Sollkoten und der vorgegebenen Richtung beim nächsten Vorbauabschnitt vorzunehmen. Dabei entfallen alle die bekannten und unliebsamen Überraschungen, die im allgemeinen beim Ausrüsten derart weitgespannter und auf Gerüst hergestellter Brücken auftreten. Es erübrigt sich, in diesem Zusammenhang auf weitere Vorteile der Bauweise mit freiem Vorbau einzugehen.

Der freie Vorbau begann am Widerlager Lützel am 20. Mai und am Landpfeiler am 19. Juni 1953. Der erste Arbeitsabschnitt umfaßte 48 Vorbauabschnitte, die bis Ende August fertiggestellt werden konnten, womit einschließlich des vorhandenen Widerlagers und des Landpfeilerkopfes sowie der Ansatzstücke bereits insgesamt 182 lfdm Überbau in endgültiger Breite ausgeführt waren (Abb. 13 u. 14). Z 425 der Dyckerhoff-Portland-Zementwerke, Wiesbaden-Amöneburg, verwendet. Der bei einem höherwertigen Zement zu beachtenden Wärmeentwicklung mit den hieraus resultierenden Wärmespannungen und der erhöhten Rißgefahr wurde durch Anordnung eines in einer besonderen Abhandlung näher beschriebenen Eiskühlverfahrens

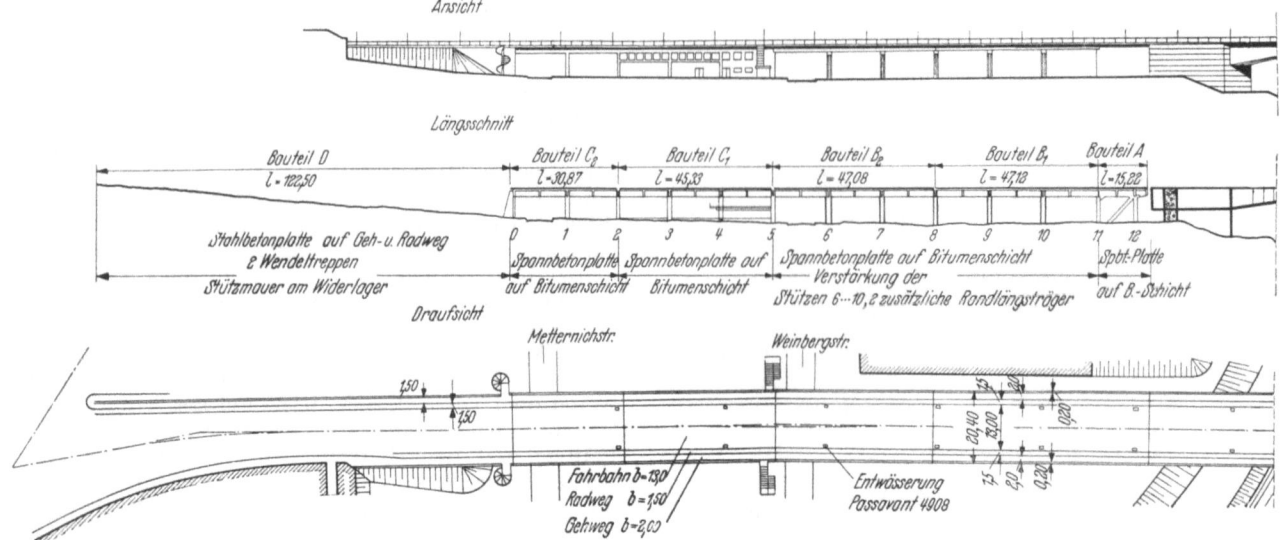

Abb. 16a. Übersichtsplan des Rampenbauwerkes.

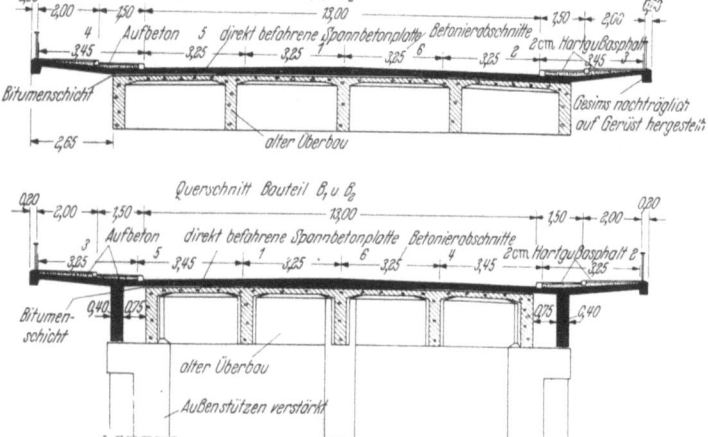

Abb. 16b. Querschnitte des Rampenbauwerkes.

Das Umsetzen der Vorbauwagen vom Landpfeiler bzw. Widerlager Lützel nach dem Strompfeiler und dem Widerlager Koblenz, das inzwischen analog dem Widerlager Lützel hochgeführt worden war, erfolgte Zug um Zug im Monat September, so daß bereits am 22. September mit dem Vorbau des 2. Arbeitsabschnittes und dem von hier ab einsetzenden 3-Tage-Takt aller 3 Vorbauwagen begonnen werden konnte (Abb. 15). Das Umsetzen der 3 Vorbauwagen ließ sich in der kurzen Zeit von nur 3 Wochen durchführen, obgleich wegen der räumlichen Entfernung der Pfeiler und des Übersetzens über die Mosel mit den schweren Teilen der Vorbauwagen z. T. erhebliche Schwierigkeiten überwunden werden mußten. Der 2. Arbeitsabschnitt umfaßte 55 Vorbauabschnitte, die bis zum 21. Dezember vorgebaut wurden, wodurch die termingerechte Fertigstellung des gesamten Überbaues sichergestellt war. Die höchste Vorbauleistung wurde im Monat Oktober mit der Herstellung von 23 Abschnitten erzielt und damit rd. 70 lfdm Brückenüberbau bzw. 1400 m² Brückenfläche in nur einem Monat errichtet. Während des Monats Oktober wurden dadurch allein im Vorbaubetrieb rd. 1200 m³ Beton eingebracht. Diese schnelle Abwicklung des Bauvorganges ließ sich nur mit einem schnell erhärtenden Normenzement durchführen. Es wurde daher der frühhochfeste Zement

Abb. 17. Blick auf die Spannbewehrung der Verstärkungsplatte Rampenbrücke Lützel.
(Phot. Weiand, Koblenz.)

begegnet. Bei Zusatz von 325—350 kg Zement/m³ Beton konnte bereits nach 24 Stunden eine Anfangsfestigkeit von 280—340 kg/cm² erreicht werden, die für das frühzeitige Vorspannen ausreichte. Je nach der herrschenden Außentemperatur wurde die Zementbeigabe in dem oben angegebenen Bereich abgestuft und schon Ende Oktober bei Einsetzen der kühleren Witterung mit warmem Wasser von etwa 50° betoniert. Während dieser Übergangszeit wurde also zunächst mit erwärmtem Wasser gearbeitet, worauf beim Beginn des Abbindens und der einsetzenden Erwärmung mit dem Eiskühlverfahren gekühlt wurde.

Diese sorgfältige Überwachung gewährleistete trotz des verwendeten höherwertigen Zements einen rißfreien Beton

Abb. 18. Vorgespannte Fertigteil-Wendeltreppe im Bauzustand.
(Phot. Weiand, Koblenz.)

und stellte damit auch den störungsfreien Ablauf des Vorbaues sicher. Zur Erzielung einer gleichmäßigen Außenansicht der Betonflächen und einer trotz geringerer Wasserzugabe dennoch geschmeidigen Mischung wurde Plastiment mit einer Menge von 1 % des Zementgewichtes zugegeben. Dieser Zusatz führte zwar während der kühleren

28 Tagen weit über dem Sollwert. Die in solchen Fällen an sich übliche Herabsetzung des Zementgehaltes mußte in diesem Fall unterbleiben, da die Brückenbauvorschriften einen Mindestzementgehalt von 300 kg vorsehen, und darüber hinaus beim freien Vorbau ausschließlich die Anfangsfestigkeit und der hierfür erforderliche Zementzusatz ausschlaggebend war. Obwohl durch Anordnen einer größeren Betondeckung über den Stahleinlagen an sämtlichen Sichtflächen die spätere Möglichkeit einer Bearbeitung gegeben ist, wurde dennoch die Verarbeitung des Betons durch Verwendung von Außen- und Innenrüttlern besonders sorgfältig vorgenommen. Bekanntlich treten Mängel bei der Zusammensetzung und Verarbeitung des Betons gerade bei einer bearbeiteten Sichtfläche besonders unangenehm in Erscheinung.

Nach Fertigstellung der Hauptbrücke wurden die Verbreiterungs- und Verstärkungsarbeiten an der Rampenbrücke Lützel begonnen, die sich verhältnismäßig schnell und reibungslos in der kurzen Bauzeit von 4 Monaten abwickeln ließen. Es handelte sich hier lediglich um das Aufbringen einer 20 m breiten und wegen der geringen zur Verfügung stehenden Konstruktionshöhe direkt befahrenen, in beiden Richtungen vorgespannten Brückentafel, die auf der alten Tragplatte bei Zwischenschaltung einer Asphalt-Mastixschicht liegt (Abb. 16 a u. 16 b). Mit dieser Lösung, bei welcher beide Platten — die neue wie auch die bestehende — im Verhältnis ihrer Widerstandsmomente tragen, wurde die Verbreiterung und Verstärkung des Rampenbauwerks für Brückenklasse 60 unter weitgehender Heranziehung des bestehenden Bauwerks erreicht (Abb. 17).

Die sorgfältige Herstellung der direkt befahrenen Fahrbahnplatte und die wegen der großen Fahrbahnbreite von 13 m erforderliche Längsunterteilung in 4·3,25 m breite Betonierabschnitte erforderte trotz starker Bewehrung ein Längsabschalen der einzelnen Abschnitte. Die hierdurch bedingten Längsarbeitsfugen wurden möglichst früh ausgeschalt und aufgerauht. Sie sind wegen der starken Quervorspannung von rd. 100 t pro lfdm unbedenklich, da sie unter einer dauernden Druckspannung von rd. 40 kg/cm²

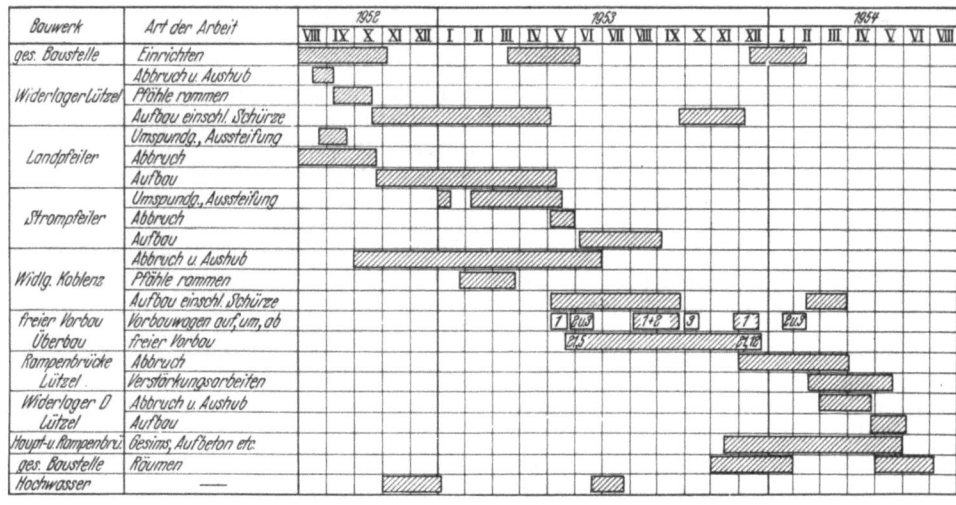

Abb. 19. Bauzeitenplan.

Jahreszeit zu einer geringen Erhärtungsverzögerung, die aber in Kauf genommen werden konnte, da die Abmessungen und damit die Massen des Überbaues in Richtung des Scheitelgelenkes immer geringer wurden, die Verarbeitung schneller vonstatten ging, und somit für die Erhärtung innerhalb des Taktverfahrens mehr Zeit zur Verfügung stand. Die nach 28 Tagen erreichte Festigkeit lag im allgemeinen über 600 kg/cm², wie es nach der hohen Anfangsfestigkeit nach 24 Stunden nicht anders zu erwarten war. Überhaupt lagen infolge der sorgfältigen Zusammensetzung und Verarbeitung des Betons die Festigkeiten nach

stehen. Die richtige Höhenlage der Betonfahrbahnoberfläche wurde durch Rüttelbohlen erzielt, die auf einnivellierten Schienen liefen. Der Beton wurde in 2 Schichten eingebracht unter Zugabe von 325 kg Zement/m³ Beton mit einem Wasserzementfaktor von 0,48 und dabei die etwa 15 cm starke untere Schicht mit Innenrüttlern so lange verdichtet, bis der an die Oberfläche gerüttelte Zementleim einen dichten Beton gewährleistete. Unmittelbar darauf wurde die noch fehlende je nach Plattendicke etwa 5—10 cm starke Oberschicht unter Verwendung einer steiferen Mischung mit einem Wasserzementfaktor von 0,45 aufgebracht, diese mit Rüttelbohlen verdichtet und die Oberfläche danach abgezogen. Nach leichtem Anziehen des Betons wurde zur Erhöhung der Griffigkeit der Fahrbahn die Oberfläche in der Querrichtung mit einem Piassavabesen aufgerauht.

Im übrigen bot die Ausführung der Rampenbrücke keine weiteren baulichen Besonderheiten, ausgenommen die Herstellung zweier vorgespannter Treppentürme als Zugang zur hochliegenden Rampenbrücke. Hierbei handelt

auf 50 mm zulaufen und auf dem 120 mm breiten Handlauf-Hohlprofil stehen, so daß die Kabelzuführung im Handlauf erfolgen konnte. Die eigens hierfür unter Berücksichtigung der lichttechnischen und ästhetischen Gesichtspunkte entwickelte Leuchte lieferte die Firma Rechlaternen KG.; die Ausführung der Gußasphaltarbeiten auf Fahrbahn, Geh- und Radwegen übernahmen die Firmen Strabag Bau AG., Wilhelm Maar, Gebr. von der Wettern in Arbeitsgemeinschaft.

Spannwerte

Bau: Neue Moselbrücke Koblenz Bauteil: Koblenzer Vorbau, Abschnitt 15, Oberstrom Innensteg

Festwerte: $E_e = 2040$ t/cm² $E_b = 350$ t/cm² Tag der Vorspannung: 9. 12. 53

1	2	3	4	5	6	7	8	9	10	11	12	13	14
Strang	Reihenfolge	Vorspannung σ_{vv}	Spannlänge L_v	Stahldehnung ΔL_{vv}	Betonstauchung ΔL_{bv}	rechn.Gesamtlängung $\Delta L_{vv} + \Delta L_{bv}$	Zuschlag ΔL_z	7+8 $\Delta L_v = \Delta L_{vv} + \Delta L_{bv} + \Delta L_z$	gemessener Überstand vor dem Spannen	gemessener Überstand nach dem Spannen	vorhandene Längung	Manometerdruck	Bemerkungen
Nr.	Nr.	t/cm²	m	mm	mm	mm	mm	mm	mm	mm	mm	atü	
10.1	5	4,22	59,23	122,8	9,2	132,0	0,8	132,8	15,9	148,9	133,0	450	alle Stränge injiziert
10.2	3	4,22	76,93	159,0	9,7	168,7	1,2	169,9	16,9	186,8	169,9	440	
9.1	7	4,22	61,21	126,5	9,2	135,7	0,8	136,5	20,5	157,5	137,0	440	
67.2	8	4,22	74,53	154,4	9,6	164,0	1,1	165,1	15,8	180,9	165,1	440	

Abb. 20. Ausschnitt aus dem Spannprotokoll.

es sich um 2 Wendeltreppen, deren Stufen aus Betonfertigteilen bestehen (Abb. 18). Im Endzustand kragen die Stufen jedes Treppenturmes aus einer Standsäule aus. Sie formen sich hierbei auf der Säulenseite zu einem Ring und bilden beim Aufeinandersetzen eine Hohlspindel, die nach der Montage der Treppenstufen mit Ortbeton nach vorherigem Verlegen der Spannglieder ausgefüllt wurde. Nach Erhärten dieses Betonkernes wurde die Vorspannkraft mit rd. 150 t je Säule aufgebracht und damit das freie Tragen der auskragenden Treppenstufen ermöglicht.

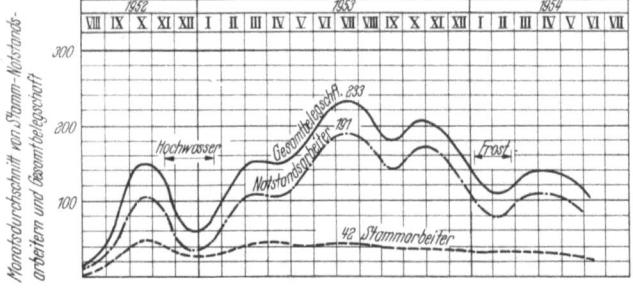

Abb. 21. Diagramm über den Beschäftigungsstand auf der Baustelle, aufgeschlüsselt nach Stamm- und Notstandsarbeitern.

Besondere Sorgfalt mußte beim Verlegen der Stufen auf die genaue Höhenlage und die strenge Einhaltung des jeder Stufe zugeordneten Zentriwinkels aufgewendet werden, damit die oberste Stufe als Austritt zur Brücke die richtige Lage erhielt. Das Gewicht einer Stufe betrug rd. 0,5 t. Das Versetzen der Fertigteile wurde durch einen auf der Rampenbrücke vorhandenen Turmkran erheblich erleichtert.

Im Anschluß an die Betonierarbeiten der Flut- und Vorlandbrücke sowie der inzwischen hergerichteten beiderseitigen Erdrampen begann die Montage des Geländers, das im Gegensatz zum Massivgeländer der alten Brücke als aufgelöstes stählernes Hohlprofilgeländer ausgeführt wurde. Die Gesamtlänge des Geländers beträgt etwa 1400 m, mit einem Gewicht von rd. 40 kg/lfdm, das zu gleichen Teilen die Firmen Stahlbau Wiesbaden, Wiesbaden, und J. J. Brühl, Koblenz, einbauten. Als Beleuchtungskandelaber dienen Peitschenmaste, die konisch verjüngt von 89 mm

Der Ablauf der gesamten Bauarbeiten folgt aus nebenstehendem Bauzeitenplan (Abb. 19).

In diesem Zusammenhang mögen noch die insgesamt eingebauten Massen Erwähnung finden. Für die rd. 12 000 m² Brückenfläche in Spannbeton wurden einschließlich Gründung, Pfeiler, Ballastbeton usw. verbraucht:

rd. 15 000 m³ Beton,
rd. 4 300 t Zement,
rd. 725 t Spannstahl $\varnothing$ 26 mm,
rd. 400 t schlaffer Stahl,
rd. 26 t Plastiment.

Geschalt wurden insgesamt 40 000 m². Der Verbrauch an Schal- und Rüstholz einschließlich der Gerüste an den Widerlagern, Pfeilern und der rd. 200 m langen Rampenbrücke betrug rd. 950 m³, davon für den gesamten Überbau nur 104 m³ und für die Ausrüstung der Vorbauwagen rd. 100 m³. Die große Menge an Spannstahl erforderte eine sorgfältige Betreuung im Hinblick auf die vielen Vorspann- und Injizierstellen. Jeder Spannvorgang wurde in Protokollen erfaßt und die Richtigkeit von der örtlichen Bauaufsicht bestätigt. Die Kontrolle der erfolgten Stabdehnung ließ sich bei dem verwendeten Spannverfahren mit Stahl 90 leicht durchführen (Abb. 20).

Als Brückenbelag brachte man auf der Fahrbahn sowie auf der Rampe Koblenz rd. 6800 m² Hartgußasphalt in 5 cm Stärke und als Belag auf den Geh- und Radwegen rd. 5500 m² in 2 cm Stärke auf.

Die gesamte Baumaßnahme wickelte sich vertragsgemäß unter Einsatz von 80 % Notstandsarbeitern und 20 % Stammarbeitern ab. Der zeitliche Einsatz ist aus nebenstehendem Diagramm ersichtlich (Abb. 21). Dieser für ein derart schwieriges Bauwerk überraschend hohe Prozentsatz von Notstandsarbeitern entlastete spürbar den Koblenzer Arbeitsmarkt, außerdem erhielt die Stadt Koblenz im Rahmen dieser wertschaffenden Arbeitslosenfürsorge für die Leistung von rd. 50 000 Notstandstagewerken einen verlorenen Zuschuß in Höhe von rd. 250 000,— DM.

Als besonders erfreulich verdient noch hervorgehoben zu werden, daß dieses kühne Bauwerk ohne einen ernsten oder gar tödlichen Unfall fertiggestellt werden konnte. Es ist dies im besonderen Maße der Unfallsicherheit beim freien Vorbau zu verdanken.

Die architektonische Gestaltung der Neuen Moselbrücke Koblenz.

Von Dipl.-Ing. **Gerd Lohmer**, Architekt BDA Köln.

Die „Zweite feste Straßenbrücke über die Mosel bei Koblenz" wurde in den Jahren 1932 bis 1934 erbaut. Zehn Jahre später lag sie in Trümmern. Heute — weitere zehn

Abb. 1.
Die zerstörte alte Brücke war eine typische Stahlbeton-Bogen-Brücke (Dreigelenkbogen).

Jahre später — steht die „Neue Moselbrücke Koblenz-Lützel" an der gleichen Stelle auf den Fundamenten der alten Brücke zur Verkehrsübergabe bereit.

Es ist interessant, die beiden Bauwerke miteinander zu vergleichen: in der kurzen Zeitspanne von nur zwanzig Jahren sind neue Konstruktionsmethoden entwickelt worden, die nicht nur sehr viel wirtschaftlicher sind, sondern

Die alte Brücke hatte mit ihren tief am Boden ansetzenden Bogen etwas Schweres, auf der Erde Ruhendes. Der Kontrast zwischen den 12 m hohen Kämpfern und den nur 1,22 m hohen Scheiteln war so groß, daß die Brücke in den Scheiteln fast durchzubrechen schien.

Die Kragträger der neuen Brücke haben an den Widerlagern und Pfeilern eine Höhe von 7 m und in der Mitte der Öffnungen eine Höhe von 2,50 m. Sie setzen so hoch an den Pfeilern und Widerlagern an, daß der Eindruck von Leichtigkeit und Schweben entsteht.

Abb. 2.
Die neue Brücke ist eine „Spannbetonbrücke", deren Überbau aus einem System von Kragträgern besteht.

auch die äußere Gestalt einer Brücke wesentlich beeinflussen.

Aus den verschiedenen Konstruktionsmethoden ergeben sich ganz verschiedene Abmessungen, und diese wiederum haben völlig unterschiedliche architektonische Wirkungen zur Folge.

Die Gradiente der alten Brücke wies mehrere Knicke auf, die unschön waren und vor allem beim Befahren der Brücke sehr störten. In der Ausschreibung der neuen Brücke war deshalb ein gleichbleibendes Gefälle 1:75 vom Widerlager Lützel bis zum Ende der Koblenzer Rampe vorgeschrieben worden. Obgleich die Oberkante der neuen

Brücke am Koblenzer Widerlager mehr als 3 m tiefer liegt als früher, bleibt bei der neuen Brücke — infolge der überaus schlanken Konstruktion — am Koblenzer Widerlager noch eine Durchfahrtshöhe von 4 m an der ungünstigsten Stelle (gegenüber 1,50 m bei der alten Brücke).

Wie sehr die Gestaltung der Einzelheiten vom Gesamtbauwerk abhängig ist, wie sehr aber auch andererseits die

brüstung milderte zwar die Scheiteldünne in der Ansicht, störte aber die Sicht von der Brücke in die Landschaft empfindlich, Abb. 3.

Auf der neuen Brücke läßt das lichte Stabgeländer, das auf dem 45 cm hohen Gesims angebracht ist, den Durchblick in die Weite zu und entspricht in seinem Charakter der Leichtigkeit und Dünne des Gesamtbauwerkes.

Abb. 3. Die alte und die neue Fahrbahn. Abb. 4.

Einzelheiten das Gesamtbauwerk beeinflussen, zeigt ein Vergleich der Widerlager- und Gesimsausbildungen beider Brücken:

Während bei der alten Brücke die Außenflächen der Bogen ohne Absatz in die Widerlagerflächen übergingen, hat man die Widerlagerklötze der neuen Brücke bewußt vor die Außenflächen der Kragträger vorgezogen. Das Auskragen der „Kragarme" kommt so besser zum Aus-

Die möglichst zierlich und niedrig gehaltenen Beleuchtungskörper, deren Maste auf dem Geländer aufgeschweißt sind, betonen die Breite und Zügigkeit der Brücke und ergeben nachts eine stetig fortlaufende Lichterkette mit guter Ausleuchtung der Fahrbahn, Abb. 4.

Im Gegensatz zu den eckigen Pfeilern der alten Brücke hat man bei der neuen Brücke stromlinienförmig ausgerundete Pfeiler mit Anlauf ausgeführt.

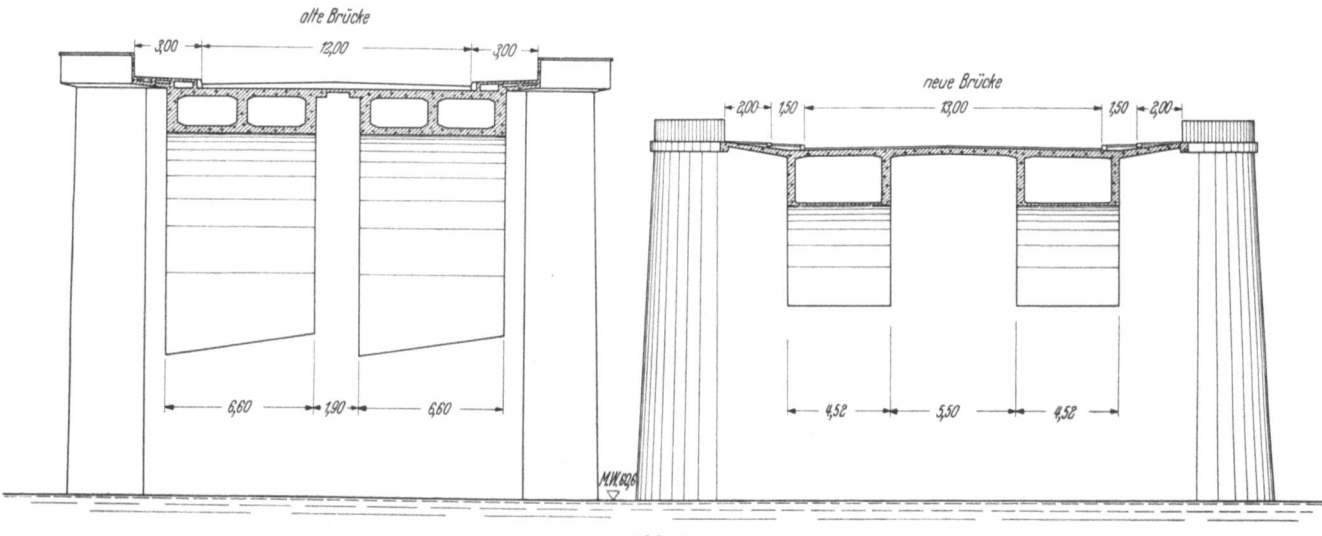

Abb. 5. Vergleich der Querschnitte der beiden Brücken.

druck, und die Schatten an Pfeilern und Widerlagern ergänzen sich harmonisch mit dem Schattenband unter dem Fußgängerweg.

Die alte Brücke hatte eine durchlaufende Massivbrüstung, die ohne jede Profilierung auf die 1,55 m ausladende Fußgängerplatte aufgesetzt war. Diese Massiv-

Grundverschieden sind auch die Untersichten der beiden Brücken:

Während bei der alten Brücke zwei voneinander getrennte Gewölbestreifen von je 6,60 m Breite in einem Abstand von nur 1,90 m angeordnet waren, liegen die beiden je 4,50 m breiten Kragträger der neuen Brücke 5,50 m weit auseinander. Die unschönen, schrägen Kämpferanschnitte der alten Bogenbrücke konnten bei der Kragkonstruktion der neuen Brücke vermieden werden.

Die Rampenbauwerke wurden der neuen Gradiente angepaßt und nach statischen und wirtschaftlichen Gesichtspunkten auf die neue Brückenbreite gebracht. Auf der Lützeler Seite ist beabsichtigt, die Felder zwischen den Stützen später mit einer Glaswand auszufachen, um so den Raum unter der Rampe nutzbar zu machen.

An der Metternichstraße wurden die beiden zerstörten alten Treppen durch zwei moderne, 7 m hohe Wendel-

Beim Vergleich der alten und neuen Betonflächen am Lützeler Widerlager kann man feststellen, welch enorme Fortschritte im Betonbau auch in der Schalungstechnik und in der Oberflächenbehandlung gemacht worden sind.

Abb. 6.
Wendeltreppe aus Betonfertigteilen im Bau.

Abb. 7.
Brücke in starker Verkürzung mit Fugeneinteilung.

treppen ersetzt, deren Stufen aus Betonfertigteilen bestehen und aus einem Spindelring auskragen. Sämtliche Spindelringe sind durch Vorspannung zusammengehalten, Abb. 6.

Bei der neuen Brücke hat man die horizontalen Arbeitsfugen durch Einlegen von Dreikantleisten 3·3·3 cm bewußt betont, um so die großen Betonflächen an Widerlagern und Pfeilern zu gliedern und zu beleben, Abb. 7.

Über Wärmespannungen der Hauptträger der Neuen Moselbrücke Koblenz infolge des Hydratationsprozesses des Zements.

Von Professor Dr.-Ing. A. Mehmel, Darmstadt.

Die Ausführung der Hauptträger erfolgte in der Weise, daß mittels des Vorbauwagens in einzelnen, etwa jeweils in Wochenfrist aufeinander folgenden Bauabschnitten Lamellen von 3 m Breite betoniert und nach Erhärtung angespannt wurden. Es wird dabei also frischer Beton in Kontakt mit bereits erhärtetem „Altbeton" gebracht. Im wesentlichen bildet sich die freiwerdende Wärme während des Abbindens des Frischbetons (Frischbeton sei definiert als neuer Beton im plastischen Zustand), also vor und während des Abbindens. Beim Übergang aus dem plastischen Zustand des abbindenden in den des erhärtenden Betons, dadurch gekennzeichnet, daß dem Betonmaterial ein E-Modul zu eigen wird, hat der Neubeton (Neubeton sei definiert als neuer Beton im erhärteten Zustand, also nach

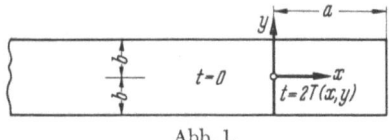

Abb. 1.

dem Abbinden) gegenüber dem Altbeton eine erhöhte Temperatur, ohne sich in Spannung zu befinden. Ein Überströmen der Hydratationswärme in den Altbeton wird in der kurzen Zeit des Abbindens nur in geringem Maß erfolgt sein, und wir dürfen für unsere Untersuchung die Verhältnisse so idealisieren, daß der Altbeton seine vor der Herstellung des Neubetons existente Temperatur beibehalten hat, die wir die 0-Temperatur nennen wollen und die der Temperatur der umgebenden Luft gleich sei. Der Neubeton hat in spannungslosem Zustand die Höchsttemperatur $0 + 2T(x,y,z) = 2T(x,y,z)$ erreicht (Abb. 1) und gerät bei dem nun erfolgenden Abkühlen, da ihm nun Elastizität zu eigen ist, in Spannung, weil der Altbeton ihn

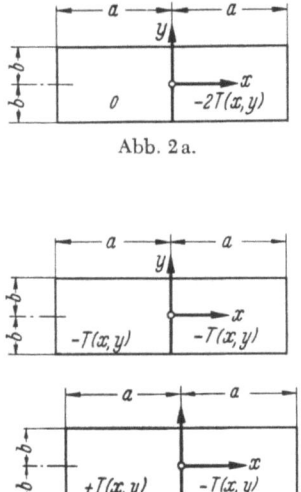

Abb. 2a.

Abb. 2b.

daran hindert, entsprechend der Abkühlung zu schrumpfen. Wir nehmen weiter an, der E-Modul des Neubetons sei während des Vorgangs des Abkühlens unabhängig von der Zeit $E_b = E = \text{const}$; ferner nehmen wir ein ebenes Problem an, derart, daß die betrachteten Vorgänge von z unabhängig sind, d. h. alle diese Vorgänge beschreibenden Funktionen $f(x, y, z)$ seien gekennzeichnet durch

$$\frac{\partial f(x, y, z)}{\partial z} = 0.$$

Über das Temperaturfeld $2T(x, y)$ machen wir folgende Aussagen:

Der Höchstwert $2T_0$ liegt in $x = 0, y = 0$. Nach den Rändern fällt $2T$ auf die Temperatur der umgebenden Luft, die 0 sei, d. h. wir wollen annehmen, daß im Feld eine stationäre Temperaturverteilung vorliegt, so daß $\Delta 2T = 0$. Die Randbedingungen für $2T$ lauten dann

I.) $2T(a, y) = 0$,
II.) $2T(x, b) = 0$,
III.) $2T(x, -b) = 0$,

Den Temperaturabfall am Rande $x = 0$ von $y = 0$ nach $y = \pm b$ nehmen wir nach einer trigonometrischen Funktion an und zwar

IV.) $2T(0, y) = 2T_0 \cos^2 n\pi y/2b$. $\quad(1)$

Wir haben das Quadrat der cos-Funktion gewählt, um an den Punkten $x = 0, y = \pm b$ auch die Ableitung $\dfrac{\partial T(0, \pm b)}{\partial y}$ zum Verschwinden zu bringen, was sich später aus Gründen, die die Stetigkeit betreffen, als notwendig erweisen wird.

Die Integration der Wärmeleitungsgleichung

$$\Delta T(x,y) = 0$$

gelingt mit den obigen Randbedingungen in der Form

$$T = \frac{8T_0}{\pi}\sum_{n=1}^{n=\infty}\frac{\sin n\pi/2}{\operatorname{Sinh} n\pi a/2b}\cdot\frac{1}{n(4-n^2)}\cdot$$
$$\cdot\underbrace{\cos n\pi y/2b}_{f(y)}\cdot\underbrace{\operatorname{Sinh} n(a-x)/2b}_{g(x)} \quad (2)$$

für $\quad 0 \leq x \leq a \quad -b \leq y \leq b$.

Man sieht leicht, daß $\Delta T_n = 0$ für jedes Glied gewährleistet ist, da das Produkt $f_n(y) \cdot g_n(x)$, jeweils zweimal nach x und y differenziert, identisch verschwindet.

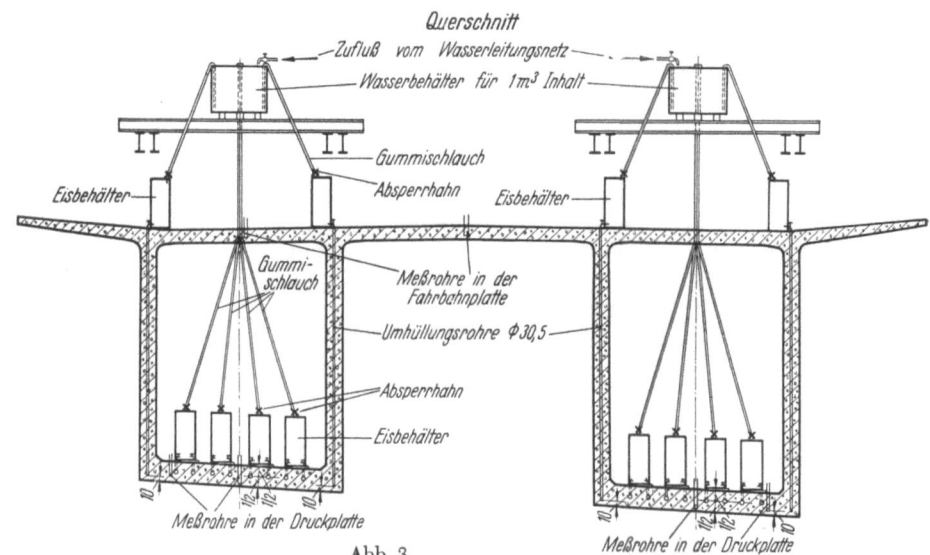

Abb. 3.

Wir untersuchen den Spannungszustand, der eintritt, wenn im ganzen Bereich der Neubetonlamelle $0 \leq x \leq a$, $-b \leq y \leq b$ die Temperatur T auf 0 absinkt, so daß der Altbeton, der Neubeton und die umgebende Luft die gleiche Temperatur 0 haben. Da die Temperaturverteilung gem. Abb. 1 keine Spannungen verursacht, so kann man der Ermittlung des Spannungszustandes, der sich bei allseitiger Temperatur 0 einstellt, als Gedankenmodell eine Temperaturverteilung nach Abb. 2a zugrunde legen, wenn allseitige Temperatur 0 als spannungsloser Zustand betrachtet wird. Wir zerlegen $2a$ in einen symmetrischen und einen antisymmetrischen Teil (Abb. 2b), geben also dem Altbetonbereich ebenfalls die Breite a und vernachlässigen die Tatsache, daß er sich in der Richtung $-x$ wesentlich weiter ausdehnt. Dies setzt streng voraus, daß für $x = \pm a$ $\sigma_x = \sigma_y = \tau = 0$ wird.

Wir dürfen annehmen, daß dies mit genügender Approximation zutrifft, da es sich um einen von $x = 0$ nach $x = \pm a$ rasch abklingenden Eigenspannungszustand (St. Venant'scher Spannungszustand) handelt. Es ist die Aufgabe, zu bestimmen, bei welchem kritischen Wert $2\,T_0$ ein Spannungszustand entsteht, innerhalb dessen an der ungünstigsten Stelle die Zugfestigkeit des Betons überschritten wird und Risse entstehen. Diese kritische Temperatur muß erforderlichenfalls durch geeignete Kühlungsmaßnahmen vermieden werden. Es interessiert nur der antisymmetrische Teil.

Die Verzerrungen im ebenen Kontinuum sind

$$\varepsilon_x = \frac{\partial u}{\partial x} = \frac{1}{E}(\sigma_x - \mu\,\sigma_y) + \alpha\,T,$$

$$\varepsilon_y = \frac{\partial v}{\partial y} = \frac{1}{E}(\sigma_y - \mu\,\sigma_x) + \alpha\,T,$$

$$\gamma_{xy} = \frac{\partial u}{\partial y} + \frac{\partial v}{\partial x} = \frac{2(1+\mu)}{E}\tau_{xy}$$

daraus

$$\sigma_x = \frac{E}{1-\mu^2}(\varepsilon_y + \mu\,\varepsilon_x) - \frac{E}{1-\mu}\cdot\alpha\,T,$$

$$\sigma_y = \frac{E}{1-\mu^2}(\varepsilon_y + \mu\,\varepsilon_x) - \frac{E}{1-\mu}\cdot\alpha\,T,$$

$$\tau_{xy} = \frac{E}{2(1+\mu)}\cdot\gamma_{xy}.$$

Aus der Verträglichkeitbedingung

$$\frac{\partial^2 \varepsilon_x}{\partial y^2} + \frac{\partial^2 \varepsilon_y}{\partial x^2} = \frac{\partial^2 \gamma_{xy}}{\partial x\,\partial y},$$

erhält man

$$\frac{1}{E}\left\{\frac{\partial^2 \sigma_x}{\partial y^2} + \frac{\partial^2 \sigma_y}{\partial x^2} - \mu\left(\frac{\partial^2 \sigma_y}{\partial y^2} + \frac{\partial^2 \sigma_x}{\partial x^2}\right) + \left(\frac{\partial^2}{\partial x^2} + \frac{\partial^2}{\partial y^2}\right)\alpha\,T = \frac{2(1+\mu)}{E}\cdot\frac{\partial^2 \tau_{xy}}{\partial x\,\partial y}\right\};$$

mit Einführung der Airyschen Spannungsfunktion

$$\frac{\partial^2 F}{\partial y^2} = \sigma_x;\quad \frac{\partial^2 F}{\partial x^2} = \sigma_y;\quad \frac{\partial^2 F}{\partial x\,\partial y} = -\tau_{xy},$$

wird

$$\frac{\partial^4 F}{\partial x^4} + \frac{\partial^4 F}{\partial y^4} + 2\frac{\partial^4 F}{\partial x^2\,\partial y^2} + E\left(\frac{\partial^2}{\partial x^2} + \frac{\partial^2}{\partial y^2}\right)\alpha\,T = 0,$$

oder mit dem Laplaceschen Operator $\Delta = \frac{\partial^2}{\partial x^2} + \frac{\partial^2}{\partial y^2}$

$$\Delta\Delta F + E\cdot\Delta\alpha\,T = 0;$$

für den stationären Zustand mit $\Delta T = 0$ erhalten wir die Differentialgleichung des Problems

$$\Delta\Delta F = 0. \tag{3}$$

Nun müssen wir noch die Randbedingungen angeben, die im Scheibenproblem bekanntlich das Spannungsfeld erzeugen. Sie lauten:

I. Rand $x = 0$

1. $\sigma_x \sim 0$, d. h. $\frac{\partial^2 F}{\partial y^2} \sim 0$,

2. infolge der Antisymmetrie wird

$\varepsilon_y = 0$ und $\frac{\partial^2 F}{\partial x^2} + E\cdot\alpha\cdot T(0,y) = 0$.

II. Rand $x = a$

1. $\sigma_x = 0$, d. h. $\frac{\partial^2 F}{\partial y^2} = 0$,

2. $\tau_{xy} = 0$, d. h. $\frac{\partial^2 F}{\partial x\,\partial y} = 0$,

III. und IV. Rand $y = \pm b$

1. $\sigma_y = 0$, d. h. $\frac{\partial^2 F}{\partial x^2} = 0$,

2. $\tau_{yx} = 0$, d. h. $\frac{\partial^2 F}{\partial x\,\partial y} = 0$.

Eine geschlossene Integration der partiellen Differentialgleichung $\Delta\Delta F = 0$ mit den vorgegebenen Randbedingungen gelingt nicht. Die Approximationsmethoden z. B. nach

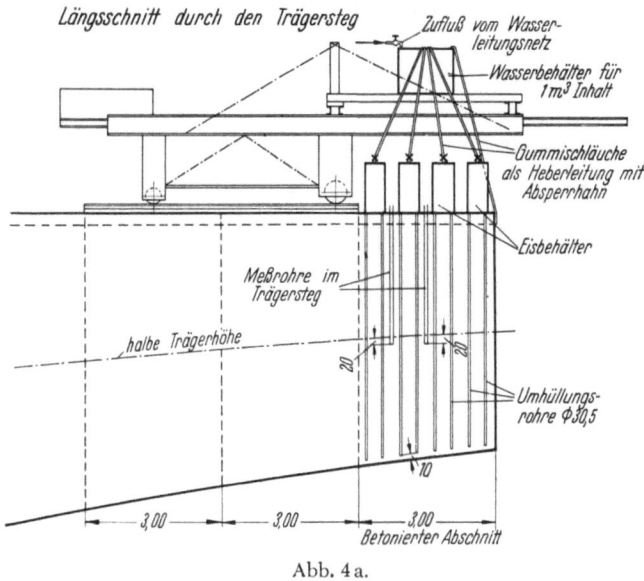

Abb. 4a.

Ritz oder anderen Variationverfahren erfordern erheblichen mathematischen und numerischen Aufwand. Dieser kann hier zur Ermittlung der Größtwerte der Spannungen entbehrt werden, da für den Rand $x = 0$, an dem die vorwiegend interessierenden σ_y-Spannungen größer sind als für jeden anderen Schnitt $x = \text{const}$ innerhalb des Feldes,

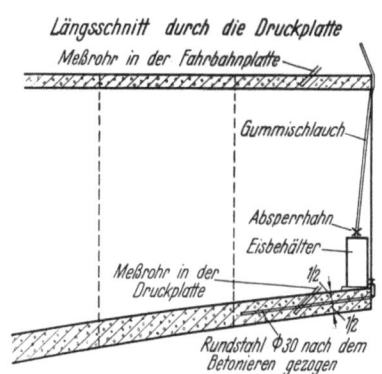

Abb. 4b.

aus der Randbedingung I allein erhalten werden kann:

$$\left.\begin{aligned}
&1\quad \varepsilon_y(0,y) = 0,\ \text{d. h.}\\
&\qquad 1/E(\sigma_y - \mu\,\sigma_x) + \alpha\cdot T(0,y) = 0,\\
&2.\qquad \sigma_x = 0\ \text{und damit}\\
&\qquad \sigma_y(0,y) = \mp E\cdot\alpha\cdot T(0,y),
\end{aligned}\right\} \tag{4}$$

Das negative Vorzeichen (Druck) gilt für den Alt-, das positive Vorzeichen (Zug) für den Neubetonbereich.

Mit $T(0,y) = T_0\cos^2 \pi y/2b$ wird

$$\left.\begin{aligned}
\sigma_y &= \mp\alpha\cdot E\cdot T_0\cdot\cos^2 \pi y/2b,\ \text{und}\\
\max\sigma_y &= \mp\alpha\cdot E\cdot T_0\ \text{an der Stelle}\ \begin{aligned}x&=0\\y&=0\end{aligned}.
\end{aligned}\right\} \tag{5}$$

Es interessiert nur der positive Wert σ_y im Neubetonbereich.

An den Randpunkten $x = 0$, $y = \pm b$ wird

$\sigma_y = 0$ und $\dfrac{\partial \sigma_y}{\partial y} = 0$ d. h. die Gleichgewichtsbedingung

$$\frac{\partial \sigma_y}{\partial x} + \frac{\partial \tau_{xy}}{\partial y} = 0$$

ist erfüllt, und die Stetigkeit an den Eckpunkten $x = 0$, $y = \pm b$ ist gewährleistet.

Auf die Verhältnisse der Koblenzer Brücke angewendet, ergibt sich aus obigen Darlegungen folgendes:

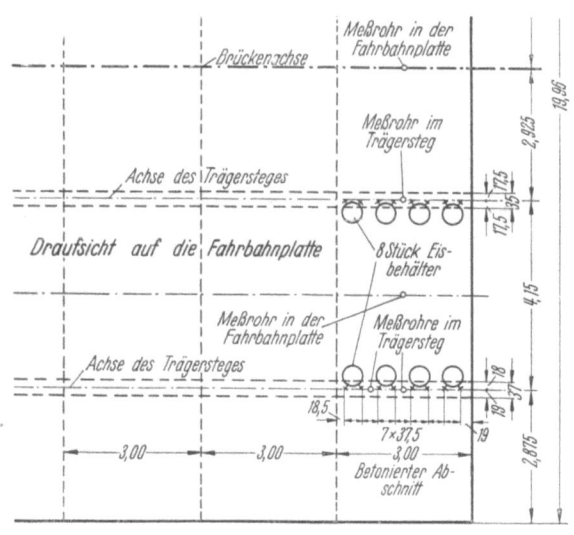

Abb. 5a.

Zur Zeit der Anspannung, in einem Alter von wenigen Tagen, hatte der Beton eine Druckfestigkeit von etwa 300 kg/cm². Schätzt man seine Zugfestigkeit zur gleichen Zeit auf $k_d/15$, so ergibt sich $k_z = 20$ kg/cm². Nimmt man weiter $E_{bz} = 2 \cdot 10^5$, $\alpha = 10^{-5}$, so erhält man aus Gl. (5)

$$2 T_0 = \frac{2 \cdot 20}{10^{-5} \cdot 2 \cdot 10^5} = 20° \text{C} \tag{6}$$

die kritische Temperaturerhöhung, die nicht überschritten werden darf. Mit Einrechnung einer ausreichenden Sicherheit war deshalb zu fordern, daß die Temperaturerhöhung auf maximal 15° C zu halten war.

Die baupraktische Aufgabe bestand demnach darin, durch geeignete Kühlungsmaßnahmen die Abbindewärme

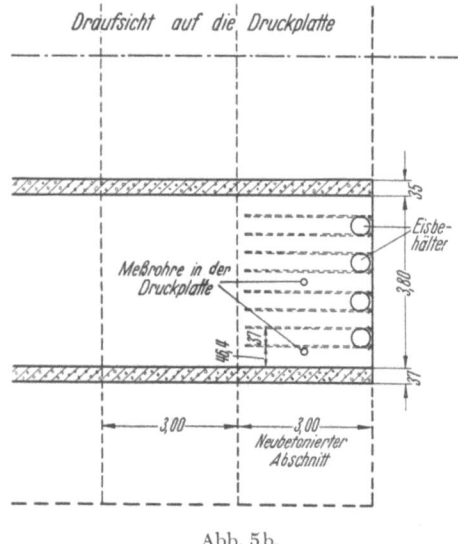

Abb. 5b.

so weit zu verzehren, daß der Temperaturanstieg des Frischbetons das Maß von 15° C nicht überschritt. Die Erfahrungen haben in Koblenz gezeigt, daß, wenn die Ab-

bindetemperaturen dergestalt unter Kontrolle gehalten wurden, Temperaturrisse vermieden werden konnten.

Art und auf die Betoneinheit bezogene Menge des verwendeten Zements bestimmen die bei dem Hydratationsprozeß (Abbinden) entstehende Wärmemenge und zwar als $f(t)$; Gestalt und Abmessungen des Baukörpers bestimmen bei sonst gleichen Verhältnissen den Wärmeabfluß in die umgebende Luft als $\varphi(t)$. Zur Verwendung kam hier ein Z 425 von der Zementfabrik Dyckerhoff Söhne, Wsb.-Biebrich; die Abmessungen und die Form des Baukörpers gehen aus Abb. 3 hervor. $f(t)$ und $\varphi(t)$ bestimmen $T(t)$. Diesen Zusammenhängen rechnerisch nachzugehen erscheint nicht möglich; es bleibt nur übrig, $T(t)$ zu messen. Dies ist laufend geschehen. Es war zu erwarten, daß die Temperaturen um so höher anstiegen, je höher die Vorbauabschnitte waren, und zwar erwies es sich, daß die kritischen $2 T_0$-Werte von etwa 15° C vom 10. Vorbauabschnitt ab nicht mehr erreicht wurden, so daß dann eine Kühlung nicht mehr erforderlich war.

Nachstehend sei das von der Firma Dyckerhoff & Widmann entwickelte Eiskühlverfahren kurz beschrieben:

Als Kühlwasserbehälter wurden Hohlzylinder verwendet, die in der Art von Thermosflaschen mit wärmedämmenden Wänden ausgestattet waren. In den Behältern stehen lotrechte Eisstangen, an denen das Kühlwasser vorbeigeführt wird. Am Behälterboden läuft das gekühlte Wasser durch einen Regulierhahn in Gummischläuchen in die Kühlrohre, die in den Tragwerksbeton eingelassen sind. Die Schläuche reichen bis zum unteren Ende der Kühlrohre, so daß das Wasser erst an deren Sohle ausfließen kann. Von dieser Stelle aus steigt das Wasser langsam seitlich an den Rohrwandungen im Gegenstrom nach oben und fließt dann im erwärmten Zustand auf Oberkante Konstruktion ins Freie.

In Koblenz hatte jeder der beiden Träger des 3 m langen Vorbauabschnittes 8 Kühlrohre, die im Abstand von 37 cm lagen. An einem Behälter waren je 2 Kühlrohre angeschlossen. Demnach waren zum Kühlen der Träger eines Vorbauabschnittes insgesamt 8 Behälter notwendig (Abb. 3, 4a, 5a).

Zum Kühlen der Druckplatte eines Vorbauabschnittes waren 4 Behälter mit je 2 Kühlrohren (Abb. 3, 4b, 5b) eingebaut.

Die Fahrbahnplatte wurde an ihrer Oberfläche durch Berieselung mit Hilfe von Rasensprengern gekühlt, sobald der Beton trittfest war. Um die Betonoberfläche gegen Auswaschen zu schützen, wurde sie mit Jutesäcken abgedeckt, die gleichzeitig den Schutz vor Sonnenbestrahlung übernahmen und außerdem die Feuchtigkeit gut hielten.

Die wirkungsvollste Kühlung läßt sich erzielen, wenn der Kühlbeginn zum frühest möglichen Zeitpunkt einsetzt. Da beim Vorbau jedoch die rasche Festigkeitszunahme von Bedeutung ist, um bald gegen den erhärteten Beton anspannen zu können, muß auch beachtet werden, daß dem Beton nicht zu viel Wärme entzogen wird, um keine unliebsame Verzögerung oder gar Schädigung des Erhärtungsprozesses zu verursachen. Die Erfahrung hat gezeigt, daß ein genügender und unschädlicher Wärmeentzug erreicht wird, wenn der Kühlbeginn nach einem Temperaturanstieg von 8° C, bezogen auf die Herstellungstemperatur des Frischbetons, einsetzt. Im Durchschnitt wurde die Kühlung nach 15 Stunden eingestellt; damit ist die Berechtigung der rechnerischen Annahme E_b = const (vgl. oben) erwiesen.

Je höher die Temperatur des Frischbetons ist, um so intensiver ist der Abbindevorgang, um so schneller nach Einbringung des Frischbetons muß der Kühlbeginn einsetzen. In Koblenz ergaben sich folgende zugeordnete Werte:

Temperatur des Frischbetons	Beginn der Kühlung nach
10 bis 15°	6 bis 8 Stunden
20 bis 24°	3 bis 4 Stunden

If you have any concerns about our products,
you can contact us on
ProductSafety@springernature.com

In case Publisher is established outside the EU,
the EU authorized representative is:
**Springer Nature Customer Service Center GmbH
Europaplatz 3, 69115 Heidelberg, Germany**

Printed by Libri Plureos GmbH
in Hamburg, Germany